绿色发展通识丛书
GENERAL BOOKS OF GREEN DEVELOPMENT

倒计时开始了吗

［法］阿尔贝·雅卡尔／著
田晶／译

中国文联出版社
http://www.clapnet.cn

图书在版编目（CIP）数据

倒计时开始了吗 /（法）阿尔贝·雅卡尔著；田晶译. -- 北京：中国文联出版社，2020.11
（绿色发展通识丛书）
ISBN 978-7-5190-4410-7

Ⅰ.①倒… Ⅱ.①阿… ②田… Ⅲ.①未来学 Ⅳ.①G303

中国版本图书馆CIP数据核字(2020)第233378号

著作权合同登记号：图字01-2017-5144

Originally published in France as :
Le compte à rebours a-t-il commencé ? by Albert Jacquard
© Editions Stock, 2009
Current Chinese language translation rights arranged through Divas International, Paris ／ 巴黎迪法国际版权代理

倒计时开始了吗
DAOJISHI KAISHI LE MA

作　　者：[法] 阿尔贝·雅卡尔	
译　　者：田　晶	
	终 审 人：朱　庆
责任编辑：冯　巍	复 审 人：闫　翔
责任译校：黄黎娜	责任校对：李　英
封面设计：谭　锴	责任印制：陈　晨

出版发行：中国文联出版社
地　　址：北京市朝阳区农展馆南里10号，100125
电　　话：010-85923076（咨询）85923092（编务）85923020（邮购）
传　　真：010-85923000（总编室），010-85923020（发行部）
网　　址：http://www.clapnet.cn　　http://www.claplus.cn
E-mail：clap@clapnet.cn　　fengwei@clapnet.cn

印　　刷：中煤（北京）印务有限公司
装　　订：中煤（北京）印务有限公司
本书如有破损、缺页、装订错误，请与本社联系调换

开　本：720×1010	1/16
字　数：62千字	印　张：8
版　次：2020年11月第1版	印　次：2020年11月第1次印刷
书　号：ISBN 978-7-5190-4410-7	
定　价：32.00元	

版权所有　　翻印必究

"绿色发展通识丛书"总序一

洛朗·法比尤斯

1862年,维克多·雨果写道:"如果自然是天意,那么社会则是人为。"这不仅仅是一句简单的箴言,更是一声有力的号召,警醒所有政治家和公民,面对地球家园和子孙后代,他们能享有的权利,以及必须履行的义务。自然提供物质财富,社会则提供社会、道德和经济财富。前者应由后者来捍卫。

我有幸担任巴黎气候大会(COP21)的主席。大会于2015年12月落幕,并达成了一项协定,而中国的批准使这项协议变得更加有力。我们应为此祝贺,并心怀希望,因为地球的未来很大程度上受到中国的影响。对环境的关心跨越了各个学科,关乎生活的各个领域,并超越了差异。这是一种价值观,更是一种意识,需要将之唤醒、进行培养并加以维系。

四十年来(或者说第一次石油危机以来),法国出现、形成并发展了自己的环境思想。今天,公民的生态意识越来越强。众多环境组织和优秀作品推动了改变的进程,并促使创新的公共政策得到落实。法国愿成为环保之路的先行者。

2016年"中法环境月"之际,法国驻华大使馆采取了一系列措施,推动环境类书籍的出版。使馆为年轻译者组织环境主题翻译培训之后,又制作了一本书目手册,收录了法国思想界最具代表性的 33 本书籍，以供译成中文。

中国立即做出了响应。得益于中国文联出版社的积极参与，"绿色发展通识丛书"将在中国出版。丛书汇集了 33 本非虚构类作品，代表了法国对生态和环境的分析和思考。

让我们翻译、阅读并倾听这些记者、科学家、学者、政治家、哲学家和相关专家：因为他们有话要说。正因如此，我要感谢中国文联出版社，使他们的声音得以在中国传播。

中法两国受到同样信念的鼓舞，将为我们的未来尽一切努力。我衷心呼吁，继续深化这一合作，保卫我们共同的家园。

如果你心怀他人，那么这一信念将不可撼动。地球是一份馈赠和宝藏，她从不理应属于我们，她需要我们去珍惜、去与远友近邻分享、去向子孙后代传承。

2017 年 7 月 5 日

（作者为法国著名政治家，现任法国宪法委员会主席、原巴黎气候变化大会主席，曾任法国政府总理、法国国民议会议长、法国社会党第一书记、法国经济财政和工业部部长、法国外交部部长）

"绿色发展通识丛书"总序二

万钢

习近平总书记在中共十九大上明确提出,建设生态文明是中华民族永续发展的千年大计。必须树立和践行绿水青山就是金山银山的理念坚持节约资源和保护环境的基本国策,像对待生命一样对待生态环境。我们要建设的现代化是人与自然和谐共生的现代化,既要创造更多物质财富和精神财富以满足人民日益增长的美好生活需要,也要提供更多优质生态产品以满足人民日益增长的优美生态环境需要。近年来,我国生态文明建设成效显著,绿色发展理念在神州大地不断深入人心,建设美丽中国已经成为13亿中国人的热切期盼和共同行动。

创新是引领发展的第一动力,科技创新为生态文明和美丽中国建设提供了重要支撑。多年来,经过科技界和广大科技工作者的不懈努力,我国资源环境领域的科技创新取得了长足进步,以科技手段为解决国家发展面临的瓶颈制约和人民群众关切的实际问题作出了重要贡献。太阳能光伏、风电、新能源汽车等产业的技术和规模位居世界前列,大气、水、土壤污染的治理能力和水平也有了明显提高。生态环保领域科学普及的深度和广度不断拓展,有力推动了全社会加快形成绿色、可持续的生产方式和消费模式。

推动绿色发展是构建人类命运共同体的重要内容。近年来，中国积极引导应对气候变化国际合作，得到了国际社会的广泛认同，成为全球生态文明建设的重要参与者、贡献者和引领者。这套"绿色发展通识丛书"的出版，得益于中法两国相关部门的大力支持和推动。第一辑出版的33种图书，包括法国科学家、政治家、哲学家关于生态环境的思考。后续还将陆续出版由中国的专家学者编写的生态环保、可持续发展等方面图书。特别要出版一批面向中国青少年的绘本类生态环保图书，把绿色发展的理念深深植根于广大青少年的教育之中，让"人与自然和谐共生"成为中华民族思想文化传承的重要内容。

科学技术的发展深刻地改变了人类对自然的认识，即使在科技创新迅猛发展的今天，我们仍然要思考和回答历史上先贤们曾经提出的人与自然关系问题。正在孕育兴起的新一轮科技革命和产业变革将为认识人类自身和探求自然奥秘提供新的手段和工具，如何更好地让人与自然和谐共生，我们将依靠科学技术的力量去寻找更多新的答案。

2017年10月25日

（作者为十二届全国政协副主席，致公党中央主席，科学技术部部长，中国科学技术协会主席）

"绿色发展通识丛书"总序三

铁凝

  这套由中国文联出版社策划的"绿色发展通识丛书",从法国数十家出版机构引进版权并翻译成中文出版,内容包括记者、科学家、学者、政治家、哲学家和各领域的专家关于生态环境的独到思考。丛书内涵丰富亦有规模,是文联出版人践行社会责任,倡导绿色发展,推介国际环境治理先进经验,提升国人环保意识的一次有益实践。首批出版的33种图书得到了法国驻华大使馆、中国文学艺术基金会和社会各界的支持。诸位译者在共同理念的感召下辛勤工作,使中译本得以顺利面世。

  中华民族"天人合一"的传统理念、人与自然和谐相处的当代追求,是我们尊重自然、顺应自然、保护自然的思想基础。在今天,"绿色发展"已经成为中国国家战略的"五大发展理念"之一。中国国家主席习近平关于"绿水青山就是金山银山"等一系列论述,关于人与自然构成"生命共同体"的思想,深刻阐释了建设生态文明是关系人民福祉、关系民族未来、造福子孙后代的大计。"绿色发展通识丛书"既表达了作者们对生态环境的分析和思考,也呼应了"绿水青山就是金山银山"的绿色发展理念。我相信,这一系列图书的出版对呼唤全民生态文明意识,推动绿色发展方式和生活方式具有十分积极的意义。

20世纪美国自然文学作家亨利·贝斯顿曾说:"支撑人类生活的那些诸如尊严、美丽及诗意的古老价值就是出自大自然的灵感。它们产生于自然世界的神秘与美丽。"长期以来,为了让天更蓝、山更绿、水更清、环境更优美,为了自然和人类这互为依存的生命共同体更加健康、更加富有尊严,中国一大批文艺家发挥社会公众人物的影响力、感召力,积极投身生态文明公益事业,以自身行动引领公众善待大自然和珍爱环境的生活方式。藉此"绿色发展通识丛书"出版之际,期待我们的作家、艺术家进一步积极投身多种形式的生态文明公益活动,自觉推动全社会形成绿色发展方式和生活方式,推动"绿色发展"理念成为"地球村"的共同实践,为保护我们共同的家园做出贡献。

中华文化源远流长,世界文明同理连枝,文明因交流而多彩,文明因互鉴而丰富。在"绿色发展通识丛书"出版之际,更希望文联出版人进一步参与中法文化交流和国际文化交流与传播,扩展出版人的视野,围绕破解包括气候变化在内的人类共同难题,把中华文化中具有当代价值和世界意义的思想资源发掘出来,传播出去,为构建人类文明共同体、推进人类文明的发展进步做出应有的贡献。

珍重地球家园,机智而有效地扼制环境危机的脚步,是人类社会的共同事业。如果地球家园真正的美来自一种持续感,一种深层的生态感,一个自然有序的世界,一种整体共生的优雅,就让我们以此共勉。

2017 年 8 月 24 日

(作者为中国文学艺术界联合会主席、中国作家协会主席)

目录

第 1 章　换一颗行星生活（001）

第 2 章　保住地球，还是保住人类？（007）

第 3 章　走向集体性自杀（021）

第 4 章　人口的边界（041）

第 5 章　弃绝伦理的科技（054）

第 6 章　经济原教旨主义（068）

第 7 章　永久性的教育（093）

第1章
换一颗行星生活

别处的幻想。距离的限制。不可能的相遇。

五……四……三……二……一……零!

每一次,当即将射向太空的火箭在库鲁航天发射场[①]或其他发射基地接到"点火"命令时,这一连串数字都响彻耳际。这有节奏的连续报时使时间成为事件的主宰,让等待变得充满戏剧感,也赋予最终的"零"在此之前积累的全部分量。

开头的"五"表明,用来定位一连串历史性时刻的

[①] 法属圭亚那库鲁(Kourou)航天发射场,也称圭亚那航天中心,是目前法国唯一的航天发射场,也是欧空局(ESA)开展航天活动的主要场所。

参照发生了改变。通常，这种时间参照是与一个过去的事件相连的，比如公元前 800 年罗马共和国的建立、公元元年耶稣的诞生，或伊斯兰教历纪元元年（公元 622 年）。通过系统化的提示，这些事件便获得了奠基性事件的地位。然而，篇头这一连串数字预示着火箭发射这个令人期待的时刻，它所指向的是一个即将到来的现实。不管是令人惧怕还是翘首以待，是被迫忍受还是预先策划的，它都在朝着目标接近，仿佛意欲摆脱目击者们的意志。直至数到"一"的时刻，没有什么是不可逆转的，没有什么决定性的动作真正发生。一个个片段接踵而来，同时遵循着计划中决定好的后续步骤。一切都依照着接连不断的决定有条不紊地进行。

但是从不可避免的"零"被发出的那一刻起，就再也不可能遵循决定论了。一道终极断层打造出两个时间范畴：一个包含着所有以前出现的事物，另一个则是以后将要发生的事物。一系列全新的事件开始了，那便是所有将会发生的事；与此同时，另一系列事件已经完结，也就是已经发生的事。

平躺在太空船舱卧铺里的宇航员们，终于开始经历这段进行过长时间准备的片段了——这其中的每一个细节都被研究、重复调整并完善过。对于他们来说，除非出现意外情况，否则，那一声在助推器的轰鸣中勉强听到的"零"，打开的将是一个全新的段落。他们正在开辟出一条新的道路。

载人宇宙飞船的发射几乎已经变得平凡了，它只是一个隐喻，引出另一个更为宏伟的计划——将人类迁移到另一个星球上，一颗比我们的地球更有能力接纳我们、满足我们所有需求的星球。从西哈诺①到梅里爱②，只有诗人曾经设想过离开我们的地球，而且他们尚且没有超越距离我们最近的星球——月球。与此同时，我们正好刚刚拥有能让我们离开地球的工具，也在一段无忧无虑的漫长岁月之后开始发现，人类和地球的共处并不和谐。在我们面前，铁一般的事实就是：我们的需求，如果按照今天的定义来看，已经无法再被持久地满足了。

最为人所熟知的例子，就是地球上石油生成的速度与我们人类消耗石油的速度之间的落差。前者要以几亿

---

① 西哈诺·德·贝热拉克（Cyrano de Bergerac，1619—1655），法国诗人、剑侠、哲学家。

② 乔治·梅里爱（Georges Méliès，1861—1938）法国魔术师及电影制片人，其最著名的两部电影为《月球旅行记》(Le Voyage dans la Lune，1902)和《奇幻航程》(Le Voyage à travers l'impossible，1904)。

年为单位来计算，而后者只需几个世纪的时间。这两个时间单位之间的差距就足以显示出不可调和的矛盾。为了避免这种困境，人类在几年的时间内建成许多座核电站，提供世人所期待的能源。然而，要减弱核电站垃圾中放射性物质的影响，却需要几百个世纪。显然，如果当前的趋势继续下去，如今的人类，尤其是未来的人类，便不能持久地满足于大自然所提供的东西了。我们今天拥有的这片地域，便不能、或者说不再能够符合我们的严苛要求了。只有两条出路：更换生存的地域，或改变我们的需求。

第一个解决办法是寻找另一个地方，搬到那里去生存。一些未来学家延伸着儒勒·凡尔纳（Jules Verne）的梦境，只选择相信科学家们的智慧和工程师们的灵巧。问问他们如何解决我们增长过快的能力所提出的种种问题，相信他们将会找到解决方案。

这种态度更多地立足于一种来自信念的行为，而非基于数据的合理分析。它没有考虑到这样一个我们根本无法控制的事实，也就是无论用来测量速度的参照系为何，它都不能超过光的速度，或者更准确地说，不能超过电磁波在真空中的传播速度。时间和空间的结构本身就意味着，任何速度都必须低于这些波的速度——这个速度被记作字母"c",大约是每秒3亿米。

虽然这个速度已经超乎寻常,但在讨论从一个星球到达另一个星球时的问题时,它便显得远远不足。如果努力发挥一下想象力,我们就能在头脑中设想出地球和太阳之间1.5亿公里的距离,太阳发出的光到达地球需要8分钟。但是,如果把目光放到我们的星球之外,即便不离开我们所在的银河系,事实也超越了我们理解的可能。距离我们最近的恒星有4光年之遥。

近几十年来,天文学家们努力寻找着"系外行星",也就是说,围绕着太阳以外的恒星进行公转的行星。搜寻的成果非常可观,并且随着探测技术的进步而日渐丰富。因此,某一天,在银河的一千亿或两千亿颗星中,发现具有我们所寻求的特性的星球并非不可能,甚至是很有可能的。

于是,我们将能够想入非非,描画出这个"地球2号"的艺术图景。我们将能够把我们的通信设备引向这颗星球。但如果这颗星球距离我们有一千光年的距离——这在我们的银河系中还算近的——那么对话一定会进行得非常缓慢。至于期待两个星球之间的互访,首先要明白的一点是,访问者将会是他们到来之前数千年以前的样子。在这个问题上鼓励做梦,能够激发出许多美妙的艺术作品，就像几千年来从我们想象力中吸取灵感的辉煌作品一样。但是，我们必须要明白，这些只是梦，而这便促使我们去探索第二条出路：与其为了一个对我们尚且一无所知的宇宙徒劳地耗尽心力，不如承担起宇宙之中我们所能掌控的那一部分，那就是我们自己。

第 2 章
保住地球，还是保住人类？

为什么要关心一个平凡的星球？因为它是生命的花园。人类与地球的结合。盖亚假说。从生命到意识。从复制到生殖。从现实到可能。

近几十年以来，拯救地球成为一个重要问题。各国元首的会晤、国际性研讨会、家庭中的谈话，以及咖啡馆里的调侃，无不将关注点集中在关于保护地球的反思上，认为这是当务之急。但是，这里难道没有措辞上的错误吗？处在危险之中的真是地球吗？四十多亿年以来，我们的星球一直孜孜不倦地绕着自己的轴心自转，同时沿着椭圆形轨道围绕太阳公转。对地球来说，来自宇宙的、可被立即觉察到的影响，只有引力——正是引力的纽带将其与太阳和月球紧密相连。太阳由于质量巨大，能让地球一直严格地行驶在其轨道上，而月球由于靠近地球，能够让地球如陀螺般的运动变得平稳并放缓转速。

若从天狼星上观察地球，会发现地球在当前的历史上并没有什么突出的大事件。它仿佛已将自身安顿在太阳系那亘古不变的寂静之中，这个星系中的每个构成元素都做着自己必须要做的事，或者说，它们不能不做的事。地球在不远的未来也几乎没有什么意外事件，除了有可能突然遇到一颗飘忽不定的小行星。再有四十多亿年，最后的终结篇才会到来，我们的地球才会被中央恒星吞没。到那时候，太阳已经耗尽了自身的能量，于是在最后一刻爆炸，吸入并摧毁距离其最近的几颗行星——其中也包括我们的地球——将那些在其几十亿年生命中形成的原子喷射到太空中去，最终坍塌成一颗普通的白矮星，被卷入银河系的漩涡中，至此完成其生命周期。

在这个周期中，每一阶段都会有一些即时存在的力量引发出一连串事件。这些力量可能源自恒星或行星中聚集的物质，也可能来自星球之间的相互作用，它们根据那一时刻宇宙的状况，以无法言说的方式行动着。在这种整体的顺从态度中，只有一个例外是为我们所知的：

地球上发生的各种事件赋予了它一种特殊的命运。不久之前——仅仅几百万年前——地球上出现了一些生命,他们具有前所未有的能力,能在局部范围内让当下的一切服务于他们所选择的未来。

他们自身的介入手段非常有限,无法与大自然相比,但他们却能够以间接的方式参与,暂时扰乱某些平衡,引发一些对他们来说相当重要、但对地球来说微不足道的事件。地球经历过的事件有许多:飓风、海啸或地震,而这些与大陆漂移比起来不过是无足轻重的插曲。如果从另一个星系上观察——观察者也许以百万年为时间单位——那么地球这颗行星的未来似乎一点也没有受到威胁。

然而,它的某一些特性就没有那么稳定了。这些特性关系到其表面的广阔空间,那只是包裹在地球这个物质集合体外的薄薄一层,厚度为数十公里的表皮。一些不可思议的巧合使这片空间成为一个繁茂的花园,并在这里创造出那些被我们称为"生命"之物的发展条件。大气层、海洋、地壳的表层都有助于维持这个名副其实的"温室"之中的多种平衡,让我们这些"生命"能安顿其中。但是它只是地球所占有的宇宙空间中的很小一部分——我们的地盘仅仅是占地球总体积千分之一的地球外壳。这相对较小的比例也就解释了为何在地球的整个旅程中，与生命相连的现象一直都是并且也很可能永远都是边缘事件。

那些与地球的规模相匹配的大事件，比如磁场反转、绕自身极轴自转的减慢、大陆的漂移、冰期与相对温暖的时期的轮替……延续的时间是如此之长，以至于只能在它们发生了很长时间之后才能被观察和描述。那些被我们认为非常重要的事件，比如飓风，之所以会令我们着迷，是因为它们干扰了社会的运行——但这对于地球来说只是无足轻重的插曲，它们根本不会令地球陷入危险。即便是像气候变暖这样重大的变化，对于地球的影响也很有限，因为这些影响很快就会被自几十亿年以前就相继出现的周期吸收了。

在宇宙的任何一处都有恒星在逐渐形成，演变，同时吸引一群伴随自己的行星，直至最终死亡。随着时间的推移，新的原子逐渐形成，宇宙同时继续冷却。在我们的星系中，或者更局部地讲，在太阳这颗恒星附近，没有什么事是前所未有的，除非我们把注意力集中在这个有温室保护着生命的花园上。在这里，仿佛出现了某种独一无二的偶然事件，而这得益于如脱氧核糖核酸（DNA）这种能让我们抵抗时间之毁坏力的分子。物种发生着演变，一些具备全新能力的动物门类随之出现。我们人类就是一个例子——这个物种得以拥有存在的意识。于是，它便有能力参与自身的建设，同时负责把每个人类的个体转变成一个人。

长时间以来，这种转变已经对我们这个花园的平衡产生了一些影响。但是，大自然的力量与我们自己所掌控的力量是如此对比悬殊，以至于我们的存在和我们的行为，在直到不久之前的岁月中，都可以被忽略。但现如今，这种无拘无束已经不再可行。几十年的时间里，我们已经彻底改变了对于地球的态度。由于自身能力的增长，不管是否有意求得，我们都已经从到此一游的过客，变成负有责任的长期房客。这种责任尤其关系到我们人类能够发挥作用的领域，那便是变化最为迅速的地方。因此，那也是需要采取紧急行动的地方。需要拯救的并不是地球本身，而是宇宙中有生命寄居的极其微小的部分，这里尤其出现了绝无仅有的生命体——人类。

诚然，在宇宙事件的强大威力面前，人类的行动能力依然微不足道。但是，我们还是用了几个世纪的时间几乎成为大自然势均力敌的对手，能够面对大自然在人类的小地盘上引发的种种现象。一个很少被提及的例子是潮汐发电厂。它能把地球的一部分动能转化为电力；其影响是令地球自转减慢，但潮汐发电厂抽取的能量非常少，因此自转放缓的程度几乎测量不到。通过这些工厂，人类成功地将一部分隐藏的能源为自身所用。

科学的进展比以往任何时候都更迅速，而且不断滋养着许多发明者的想象力——无论是科学家还是技术专家，尤其是在近两个世纪以来。人类的命运被热力学、电磁学、核物理学，以及最近的信息科学所改变。事实是如此令人惊叹，以至于所有的异议都被对科学的热情所驱散。有一个词恰到好处地表征着这种态度，那便是"进步"：与它对抗似乎是徒劳的，甚至被认为是有害的。

当人们发现这些技术进步的副作用时，那种积极的势头也受到了沉重的打击，但这些副作用出现得非常缓慢。必须承认，即使是最伟大的成功也可能产生令人惋惜的后果。美国军队在占领太平洋岛屿之前，通过DDT消灭了岛上导致多种疾病的蚊子，仿佛取得了非常圆满的成功。但二十多年来对这种药剂的持续使用，显示出它对众多物种具有毒性，其中也包括我们人类。今天，这种药剂的使用已受到严格管理。乍一看如同奇迹般的解决办法，最终也让人们失望了。

造成这一失败的原因，是各种可见力量之间极其复杂的相互作用。其复杂程度不亚于生命体内部的复杂性。这样的事实使得生物学家詹姆斯·洛夫洛克（James

Lovelock）于 1969 年提出"盖亚假说","盖亚"之名取自希腊神话中作为众神之母的女神。洛夫洛克是把地球看作一个具有生命的整体。据我所知，这个主张并未产生很大影响，因为区分客体、主体和人的真正界限并非是否拥有生命，而是是否具有意识。即使地球能够做出一些令人认为其具有生命的反应，也没有什么能显示它意识到了这一点。

这种意识，以及这种理解自身存在并对此抱有批判态度的能力，正是人的特性。也许这也是人类作为一个整体的特性。我们有能力感知自己的存在，这种能力使我们成为这个世界的复杂演进进程的顶点。我们最终发现，即使达成了所有那些技术成就，我们也依然被软禁在地球的这一小部分上，逃离到别处是不可能的。因此，就必须使我们的需求适应自然的限制。至于这些需求是否能让我们与地球的共处变得可持续，这就要取决于我们对于我们自身所持的态度了。

传说在埃劳（Eylau）战役当晚，拿破仑注视着散布在雪地上的几万具尸体，大声说道："巴黎一晚就能弥补所有这些。"对他来说，这些士兵只是母亲们所产出、将军们所消费的物品。

生产和消费是生物的基本功能。其他的活动，比如吃、喝、排泄、战斗、交配、支配……都服务于一种良性的循环，正是这种循环保证了一代代的延续，维持着被我们称作"生命"的这种奇妙的活动。为了生存，每个个体都要消费，每个集体都要生产。从这样的视角来看，地球上物种的繁衍，其中也包括我们人类，就只是非常普通的物理和化学进程的结果，其间得益于一些巧合事件的促进。

如果我们的星球只呈现出这样一种结果，那么便不足以让我们对它的不幸遭遇如此挂心。的确，使其成为一个无可比拟的个例的，正是存在于被我称作其"花园"的所在之中的各类物种，这些物种在与时间的斗争中取得了决定性的胜利。最古老的物种出现在大约三十亿年前，这个时间点关系到所有生物，包括植物和动物。这些生物已经有能力躲过来自"时间"这个敌人的部分侵袭，为了达到这个目的，它们采用的办法便是自我繁殖：一个个体被两个一模一样的个体取代；这带来了数量，但却没有丝毫的更新。

在不到十亿年以前，一个新的进程出现了，那便是生殖：两个个体合作，促成一个新生命的出现；在这一过程中，两个亲本的遗传信息中分别被随机抽取一半，从而新的生命得以实现；一般来说，新的生命就是如此有条不紊地生成的。这也就带来了目前令人惊叹的生物多样性。

它们之中只有一种完成了前所未有的壮举，那便是我们人类：每个人，每时每刻，都在与毁灭性的力量、与趋近于不可避免之死亡的时间做着斗争。这个物种还把时间的流逝作为盟友，运用到人类社会的建设中。在生命最初的复制繁衍和后来的有性生殖之后，人类又跨入了新的阶段，而这恰好得益于个体之间的相遇所引发的各种可能性。人类同时承担着伽拉忒亚和皮格马利翁[①]的角色，成功地建设着人类本身。

这种无可比拟的出色表现，既源于众多变化的偶然性，也是我们对其加以利用的结果。生育必然会将偶然的程序引入代际传递，于是，在数不胜数的创新中，也导致了一个过度发展的器官的出现——大脑。这种超级器官只是几百万年前才出现，因此对于进化的整体速度

[①] 皮格马利翁（Pygmalion）是希腊神话中的塞浦路斯国王，据古罗马诗人奥维德《变形记》(*The Metamorphoses*) 中记述，皮格马利翁是一位雕刻家，他根据自己心中理想的女性形象创作了一个塑像，并爱上了他的作品，给"她"起名为伽拉忒亚（Galatea）。爱神被皮格马利翁打动，赋予这件雕塑生命，并让他们结为夫妻。

来说，还是很新的事。进化令大脑展现出无与伦比的官能。最具决定性意义的，便是远比其他物种丰富得多的信息传递网络的出现。因为拥有精妙无比的语言，人与人之间的相遇能够引发心智上的相互影响，孕育出不同的智慧思想，丰富参与者的头脑。交流使每一个人都能在整个生命历程中完善其所建设的自我。因此，人类这个物种的成员便拥有了这样的特权：不是单纯忍受随大自然反复无常的变化而定的命运，而是给自己一个前途，并根据自己打造的联系对其进行灵活调整。

埃劳战役中的每一具尸体都曾是一个人，像其他人一样，原本可以参与决定自己的前途。然而，不管愿意不愿意，他最终都屈服于那些自己完全不能掌控的意志，放弃了人类地位的根本所在，忍受了自己的命运——他终究只是一个玩具，历史将他碾碎。一个女人生下了他，一个皇帝消费了他。若从这场战役中吸取教训，我们可以说拿破仑是刻薄的，但拿破仑自己想要的是清醒和直率。

如果我们也想努力变得清醒，那么就必须承认：很不幸，在今天的现实中，社会对人所持有的态度与拿破仑对士兵的态度并没有什么不同。我们要从这点清醒的认识出发，努力设想出另一种人类，即能够将两个尽人皆知的事实纳入考量的人类：一方面，有必要对地球提供给我们的丰富资源进行合理的共同管理,另一方面,有必要与我们的同类进行多样而和平的接触;一方面,人类要与地球对话,另一方面,人类之间也要对话。

目前占据主导地位的政治和社会构架,也就是"西方"构架,对以上这两种要求都没有遵守。地球给予的礼物被一小撮受益者独占,这种专横的占有造成不可饶恕的浪费,却没有丝毫正当的理由。至于人与人之间的接触,则总是处于斗争、对抗、竞争的环境中,而这则有悖于彼此交流的初衷。对于人类与其生存环境之间的关系,以及人类成员彼此之间的关系的管理,并非是强加的,而是历史进程中不同文化在面临接连出现的困难时给出的答案。但一连串的每一个分别来看都合理的选择,完全可能导致一个整体的十分糟糕的情况。

大多数人今天本来可能拥有的命运,与现实中所忍受的境遇之间,存在着可怕的差距。我们并不想滥用统计数据,但的确应考虑几个现实层面。在食物层面,人体的需求对于所有人来说几乎都是一样的,但世界环境与发展委员会(WCED)却观察到:发达国家中的平均食物消耗是每人每日3400卡路里,而在发展中国家则为2400卡路里。如果让后者向发达国家的标准靠拢,则意味着超出地球所可能提供的总量。但是,即使不提人权,我们如果想要避免富国"酒肉臭"和穷国"冻死骨"之间令人难堪的紧张冲突,这种靠拢也是必要的。我们可以期待生产上的进步,但进步的极限近在咫尺。可供选择的解决方案只能是,降低目前正处在浪费状态的人们的消耗。由于这方面的习惯属于文化的一部分,它只能慢慢地改变。因此,当务之急是让西方消费者做好准备,以改变他们的饮食结构。

更困难的部分,将是对工业产品消费进行更均衡的分配。奇怪的是,不管是涉及钢铁、能源还是纸张的消耗,统计数字都可概括为同样的百分比。发达国家的人口占全球人口的五分之一,但他们在以上每一个领域中的消耗则占总量的五分之四;只剩下20%留给"发展中"的人口,而后者的人口数则是发达国家的四倍。如此令人愤慨的分配结果也许是谁都不愿看到的,但它却是一系列决定的产物——人们做出这些决定的目的是为更好地逐个解决他们所遇到的困难。这种零敲碎打解决问题的方法本身就是有害的,因为它只考虑到地点和时间的限制。比如,我们为优化眼前的未来所做出的决定无疑会对后代产生影响,但却并没有人来对这些影响负责。不久前决定的为保护气候而采取的预防措施,很可能来得太迟了。这些措施显示出,有必要使所有责任方联合起来。

让我们特别强调一下上面这些百分比的含意：最富裕国家的居民占全球人口数的20%；他们消耗的却是可用资源的80%。也就是说，一个普通的"富国人"的消耗量是一个普通"穷国人"的16倍。这里的估算所针对的是人口群体，样品规模浩大，因此计算出的比例几乎不存在争议。诚然，富人比穷人更为高产，但生产率的差距也不足以证明16∶1的比例是公平的。如果我们进一步细化这种对比——不是将每个群体的平均收入相对照，而是对比"非常富有之人"的财产和"非常贫穷之人"的财产——便会发现，两者之间的差距是如此骇人听闻，以至于连受益者们自己都不好意思为之辩护。在这架天平上，只需在右侧的天平盘上放一千来个财富冠军，就可以去平衡左侧天平盘上十亿最贫困的人口。此时的比例已不再是1∶16，而是1∶1000000。

除了可以用欧元和美元来衡量的财富差异，还有健康层面的差距，后者反映出不同的人根据其所出生的不同地区和环境所必须承受的不同命运。在西欧，女性出生时的预期寿命为83岁，男性为76岁；在中非地区，这个数字则分别为47岁（女性）和45岁（男性）。非洲人"被剥夺"了30年左右的寿命，而这段生命，大自然原本是可以给予他们的,只要得到人为的帮助。在如此罪恶的现象面前,我们怎么能不努力去实现一种彻底的改变呢?

这种面对死亡的不平等现象激起我们的愤怒。但在与这种丑闻做斗争之前,我们必须不加矫饰地直视另外一个即将到来的、更为可怕的罪行:集体自杀的准备。

第3章
走向集体性自杀

被神化的技术专家。全新的逻辑。核升级。自我毁灭的人类。流氓国家。被概率化的世界末日。法国总统的拒绝。向和平前进。

集体智慧的进步,尤其是每个个体所获得的、归属于一个比自身更为复杂的整体——人类族群——的意识,使人类常常能在与大自然所设圈套的斗争中取胜。我们知道如何保护自己不受大自然的侵害,如何对其提出挑战,有时也能令其服从我们的要求。

但是,在我们与我们同类的关系上,所获得的成果却十分有限。人类群体之间交锋的历史,是由一系列冲突组成的,每一次冲突又都通常是由上一次冲突的后果所引发的。所有的公民都学到过，他们自己的国家是如何通过在邻国的攻击面前捍卫自己而一点一滴地建成，并且很大程度上通过从这些冲突中吸取教训来发展自己的文化。诗人们颂扬士兵的战斗事迹，教士们在他们的营地上祈祷上帝赐福，工程师们研制出能够消灭敌人的最有效的机器。整个社会都是围绕着各种阻碍建立起来的，最为常见的就是人类自己树立起的阻碍。社会必须克服这些阻碍，才能保证生存。我们历史教材中提到的地方，大多数都是因在那里发生过的战役而闻名，比如阿莱西亚（Alesia）和韦科尔（Vercors）高原。那些被我们铭记英勇德行之人，从维钦托利[1]到无名士兵，都是曾经参与过战争的人。从我们记忆的尽头开始追溯，就会发现一系列几乎从未间断的战争；它们的暂时停息仿佛也是为了能让人利用宝贵的时间来准备接下来的战争。战争的喧嚣和狂暴往往令人无法听到欢乐的颂歌。这种状况在第二次世界大战时达到了顶点；在停战六十年之

---

[1] 维钦托利（拉丁语为Vercingetorix，约前82年—前46年），高卢阿维尔尼人的部落首领，曾经领导高卢人对罗马统治进行最后的反抗。

后的今天，很多民族，其中也包括我们的民族，都在准备着迎接那场被人们滥称为"第三次世界大战"的战争。

之所以说是"滥称"，是因为它很有可能与迄今为止由人类引发的、被定义为"战争"的所有事件都完全不同。在今天所有困扰着我们的危险中，最糟糕的就是人类积极地为自己布下的圈套。

目前已经存在的整套摧毁手段是如此完备，涉及面如此之广，以至于试图描述下一个世纪的真实事态都已不切实际。一旦灾难发生，最后的结果必定会比想象的更可怕。

最后一次战争终结于一种"神化"：对技术专家的神化。这些技术专家被一些理论家（比如，一流的理论家中就有阿尔伯特·爱因斯坦）引入正轨，了解了宇宙的秘密，于是成为能够驾驭大自然中最强力量的大师。在这些时常本性狂暴的力量中，雷电似乎是昔日最为可怕的一种，它让人类接触到地狱一般的威力。古希腊人认为，雷电只听众神之王宙斯的话，只有宙斯掌握这种无上的权力。今天，任何一位国家元首，任何一个恐怖主义派别的领袖或推动者，都能以其自身拥有的或从其他人那里买来的核装备所发出的千百万道闪电作为要挟，威胁整个人类的安全。

人类拥有了这种无上的权力，改变了这一物种在这片有限空间中的地位。过去的人们只能满足于被动地观察这些力量的活动，将其视为自然，或归因于上帝的旨意。如今，人类已经学会让这些力量服从于自己的意志，让人的能力取代了事物或神明之力。他们已经不再单纯地忍受来自奥林匹斯[①]的决定，他们攀登上了这座大山，却在山上只看到他们自己。如果引用《圣经》中的比喻，可以说，人类品尝到了知识的果实，同时也是效率的果实。他们感觉味道不错。

为了衡量这种变化的效果，可以运用另外一个更贴近物理事实的比喻，那便是过冷现象。让我们来观察晴天下的宁静湖泊：当温度慢慢降低时，湖中的水还是液态的；降到零摄氏度时，如果没有其他变化，水依然是液态；降到零下1摄氏度，甚至零下2摄氏度时，也依旧如此，但如果此时稍有震动，湖中全部的水就会突然之间凝结成冰。这种突发的情况搅乱了水分子之间的所有互动。于是，突然一下子，湖水这一事物就改变了性质，虽然它的原子还跟以前一模一样。

[①] 奥林匹斯山（Olympus）被古代希腊人视为神山，希腊神话中诸神都住在山顶上。

人类刚刚了解到一个相似的现象，但尚未彻底意识到这一点。今天的状态与半个世纪以前的状态之间的差别，就好比液态水和冰之间的差别——这个比方适用于整个人类社会，同样也适用于社会当中的每一个成员。这种突变现象所产生的影响，要求我们重新审视人类社会的大部分选择，其中也包括那些影响我们生存条件的抉择。

当摆在我们面前作为备选的每一个条目都令人无法接受、难以容忍时，总还可以逃避，做出没有选择的选择，那便是死亡。当任何可行的路径都无法给出能让我们泰然自若地规划未来的方案时，我们就会受到强烈的诱惑，想要走出这场游戏，逃出屈服的命运，自己来决定我们命运的最后一举。了结生命让我们不必做出决定，不必给出答案；它只是抹杀了所有问题，让我们躲避到虚无之中，因为死亡是不可逆转的。

这一举动的本质是个人化的，它是个体意志的结果。但这种意志能够被整个集体来引导。日本冲绳岛上的居民们就曾给出这样的例子，那是在针对日本的战争结束时：由于受到政府立场的影响，当时的那些日本人，无论是平民还是军人，都选择从悬崖顶端投身于大海，而不是接受战败的事实。

他们的这种做法成为一些人的主要论据,用来为那两颗彻底毁灭了广岛和长崎的原子弹辩护:这两颗原子弹终结了战争,而且归根结底也拯救了很多生命——其中当然包括美国军队的士兵,但也有很多日本人,因为在所有那些需要攻克的岛上,他们很可能做出像冲绳的居民那样的举动。将这种武器视作和平的要素,貌似是轻松地跨出的一步,但最为基本的清醒和良知迫使我们看到这些工具可怕的一面:它们是花费重金制作的死亡携带物,好比一个系好的上吊绳环,随时能够成为人类的自杀凶器。

虽然这两颗原子弹造成了20万人口的立即死亡,但它们在1945年就总体而言却减少了人命的损失,即便承认了这一点,这两颗原子弹所导致的一系列后续事件也引发了极大的恐慌和焦虑。事实上,使用原子弹的决定与其说是当时的美国发送给日本天皇的讯息(人们已知晓,日本天皇当时已经准备投降了),不如说是给苏联沙皇发出的信号,因为后者的势力在当时达到了顶点。但关于这一点,人类直到很晚才明白。斯大林由于无法接受苏联不是最强的这一事实,便给俄国物理学家们提供研制出"最强"炸弹的条件,于是,他们的第一颗原子弹在1949年8月爆炸,仅仅是美国把那两颗原子弹投放到日本的四年之后。

在那时，原本有可能终结这场疯狂的竞赛，但不幸的是，政治决策者们似乎没有及时意识到相关危险的严重性。与此同时，民众却已经开始支持1950年3月发表的《斯德哥尔摩宣言》，该宣言明确要求"无条件地禁止原子武器、恐怖武器和大规模毁灭性武器，并建立严格的国际管制"。在法国，宣言得到了几百万人的签名支持，其中包括因发现人工放射性而获得诺贝尔奖的约里奥-居里，以及毕加索、雅克·希拉克[①]和利昂内尔·若斯潘[②]等知名人士。

然而，这种赞同和拥护却并没有达成任何实质性的结果，无法影响各个国家的决定。苏联人的技术进展在摧毁能力层面引发了一场疯狂的逐步升级。美国出于维护霸权的考虑，研制出威力更大的氢弹：1952年，这枚氢弹炸毁了太平洋上的一座岛屿；次年，苏联的第一枚氢弹也试爆成功。

---

① 雅克·希拉克（Jacques Chirac），法国政治家，曾在1995—2007年任法国总统，此前先后两次担任过法国总理。

② 利昂内尔·若斯潘（Lionel Jospin），法国政治家，曾在1997—2002年任法国总理。

随后，英国、法国和其他几个国家也加入了这一梯队，因为对这些国家来说，首要目标就是不在这场实力竞赛中落后于人。它们根据一贯的逻辑进行思考：要成为战胜者，就必须变成最强的。于是，这些配备了核武器的国家不计开销，积累起炸弹的储备（同时也配备了能够在全球范围内运输这些炸弹的运载工具）。与这些武器相比，广岛的那颗原子弹简直显得微不足道。

奇怪的是，在这个进程逐渐展开时，各国民众对此却并没有足够的了解，无法表达他们的意见，尤其无法反抗这种信息的缺失。关于这个问题所发表的为数不多的观点性文章，只是从此前的战争中推断出教训，主要意图在于保护平民；这些出版物显示出一种普遍的无力，人们无法衡量这场剧变的严重性，因为它的出发点就是冲突和争端本身。我们以瑞士这个自称中立的国家为例。该国曾在某一时期决定在所有的新建建筑中设立"防原子辐射的掩蔽室"，就好像这些经过改善的地窖能够让其国民毫无阻碍地穿过世界末日的通道——法国绝不是唯一一个为了昔日的冲突而做准备的国家。一切就这样悄无声息地进行着，决策者们似乎慢慢才意识到将由核武器引发的突变。

许多模拟的核战争是通过电脑建构"模型"，使其充当未来交战国练兵场的角色。这种模拟能够考量到程度不一的毁坏力量，威力假设能从几万吨级（广岛原子弹的情况）到几千万吨级，也就是翻了一千倍（美国在太平洋进行的最后几次核试验，以及苏联在西伯利亚进行的最后几次核试验的情况）。但是，这些假设结果在目标的地理分布上却非常相似。最常见的预测是针对北半球的某一目标进行交火，这也符合地球上的人口分布情况：北半球的人口数是55亿，南半球则只有1亿。然而，在真实的核战中，这种差异很可能缩小；慢慢地，两个半球会落入相似的局面，尤其是在放射性的威胁方面。

在这样的战争中，地理定位失去了原来的意义。让我们来回想一下切尔诺贝利核事故：其影响已经远远超出了乌克兰和白俄罗斯。矛盾的是，核战争的交战国有能力发射出精确度极高的火箭，击中目标的误差范围不超过几米，但造成的毁灭性破坏却会逐渐扩展到整个地球。一场核战争必将是一场全球性的战争。

从区域性影响到全球性影响，这种规模的变化尤其会涉及气候的紊乱。根据苏联或美国的核战模拟结果，在一场这样的战争之后，广袤的土地上能够抵达植物的太阳能会减少95%，这意味着生态系统的基础将被彻底破坏。植物和动物会遭遇一系列的灾难，一个物种的消失会连带着引发很多其他物种的灭绝，因为它们在光合作用的某些阶段中密不可分。

　　光合作用是生物圈中能量的主要来源。这份能量的将近15%被用来维持光合作用的进行，如果达不到这个最低标准，生物圈就会自我毁坏。而缭绕在地球周围的尘雾就很有可能导致这种情况的出现，这层如遮盖物般的云团仍在扩大，逐渐湮没几乎所有被叫作"生命"的东西。

　　这种尘雾会令平均气温急剧下降，同时减少日照。这些变化中的每一种都将产生特定的影响，而它们之间的相互作用则更是灾难性的，因为某些后果会不可避免地加重另一些后果。寒冷和黑暗的同时作用很可能严重影响粮食收成，然后由于缺乏食物，大量的植食动物会死于饥饿，而它们的尸体则意味着很多食肉动物被剥夺了食物来源。类似的后果也会影响到海洋，海洋中的浮游植物群落——生态系统的基础——对黑暗非常敏感，而浮游植物群落的减少又将影响到海洋动物的整个食物链。于是，这场灾难的幸存者们（如果存在幸存者的话），将不能再依靠这一食物来源，况且还有数不胜数的石油"黑潮"正在向海洋中注入大量的有毒物质。最后，在陆地上，森林火灾的情况也可能增多，使地球长时间处于裸露状态。

不必继续列举下去，我们已经很难想象一个清醒的人如何能够低估核武器带来的众多危险，或者一位政治决策者如何能够冷静地考虑用这些武器作为要挟。

然而，正是在这一基础上建立起核武器拥有者们经常提到的、众所周知的"威慑"。这种手段被视为一种极端的马基雅弗利主义，因为它把互相毁灭当作有利于和平的决定性论据。最危险、毁灭性最强的武器装备被描述为"不使用的武器"，重要的外交手段会参照采取一般来说比较合理的"以弱制强"的策略。当然，我们可以期待发达国家的领导人都足够有教养，不会引发一场全球性的灾难、一场集体的自杀。他们已习惯于私人性的会晤，彼此之间也有所了解；由于分享一种同属于一个决策者俱乐部的感觉，他们会在自己所面对的发达国家中间看到更多的伙伴，而非对手；他们有种参与一场集体游戏的感觉，所有人都遵守着同样的规则。但不幸的是，这种太过美妙的平衡不得不听凭"流氓国家"的支配。

这是一个我们从未在学校里听到过的词语，但人类已知的历史已经让我们准备好做出这种评判，区分出好的和坏的。这段历史的大部分时间是由一连串的和平时期（对此我们没有什么可说的）和战争时期（这里便可以提及许多辉煌的战斗事迹了）组成。"战争是存在，而和平则是不存在"，哲学家阿兰（Alain）如是道。的确，"和平"在字典中被定义为一种缺席，一种造成战争状态的特定事件的缺席。但这种对立只有在国家之间传统意义上的冲突中才是有效的，"流氓国家"则成为一个全新的类别。这些亦是真正的国家，有能力确保自身的持久性并参加国际性组织，但它们同时会让自己成为恐怖主义团体行动的同谋。它们的目的是明确的：它们知道自己想要什么，也认为自己完全不受各种国际性协定或联合国各项决定的约束。它们的举动令地球处于一种潜伏的战争状态，就仿佛随时准备燃烧起来的炭火。

如何定义这种"流氓团体"的归属是个问题。流氓国家的名单是由那些自认为不属于其中的国家制定的。这就令该定义显得相当武断。"流氓国家"时常与历史上被认为是蒙昧主义的时期联系起来。因为虽然"流氓"一词的使用尚为新近，但其概念却能追溯到遥远的过去：1136年，拉特朗（Lateran）的大公会议规定，一种名为"弩"的新武器只能被用在非基督徒身上，这种做法的目的是将后者定义为不配受到保护的个体，将他们认定为邪恶轴心的参与者，也就是"流氓"。

今天，这个问题已经与"弩"无关，而是关系到另一种意义完全不同的武器。现代传播的手段是如此强大，以至于这些武器的制作秘诀很可能会在短时间内被所有当事人掌握，而且没有任何大公会议具备能够阻止其使用这些武器的必要权威。危险十分巨大，只消几个"流氓国家"引发的政治混乱或是武装运载火箭操作中的失误，一场没有人愿意看到但却无人能够阻挡的灾难就会降临。这些"流氓国家"的存在迫使非流氓国家时刻保持对核危险的警惕，从这个意义上看，它们多少也扮演了有用的角色：它们让各个国家的领导人时刻处于戒备状态，而这种戒备状态对于核平衡至关重要。

与此同时，这种戒备状态也构成了我们力求获得的平衡之中的不稳定性。事实上，六十年以来，被武装的和平从未转化成真正的战争，然而，战争爆发于一年之中发生在核国家之间的概率（用字母 p 来代表）虽然很低，却并非为零。在一个世纪开端，这些国家中的任何一个都不会发生此类事故的概率是 $(1-p)^{100}$，在一千年中的概率则是 $(1-p)^{1000}$。在当前核武器扩散的趋势下，假设这些国家的数目不超过 10 个，那么，这个世纪（siècle）或这个千年（millénaire）可能成为人类之终结的概率则等于：

$$p(siècle) = 1 - \{(1-p)^{10}\}^{100}$$

ou à

$$p(millénaire) = 1 - \{\quad\}^{10000}$$

基础概率 p 的值取决于相关国家的谨慎程度、态度的连续性及其意愿的良好。我们永远不能排除这样的可能：一个狂热的极端分子也许会在别无出路的情况下，选择走向世界末日。

这个可憎的公式的意义在于，它显示出最不稳定的国家给全球性风险带来的重大影响。让我们来试验几种情形。

假定这 10 个猜想中的核国家都同样严肃对待战争，意识到自身的责任，那么参数 p 就对所有人来说都很小。比如，"p = 一百万年一次"，于是，我们所得出的这个人类在一百年内过早灭亡的概率便是 p = 1/10000，在一千年内灭亡的概率则为 p = 1/1000。由于人们对短期判断尤为着迷，因此，便可以根据这个乐观的假设来推算，认为这个需要所有人合作并且以绝对严谨作为保障的风险概率是可以接受的。但这就相当于让不同物种出现、进化而后消失的时间大幅缩减了。这个时间，通常是以百万年为单位计算的。

但是，只要有一个不稳定的国家，其出现事故、失误或愤怒情况的基础概率达到每年 p = 1/1000，那么一百年内的风险概率就会等于 10%，一千年内的概率就是64%。如果遇到一个非常流氓的国家，每年的风险概率达到 p = 1/100，那么每百年内的风险概率便是 p = 64/100，每千年内的概率就几乎为 100%。也就是说，只要有一个核国家愿意承受引发整体大灾难的风险，每年的概率达到 1%，那么人类的终结就几乎肯定要发生在当前的这一千年之中。

因此，全球性自杀的概率尤其取决于最不理智者的行为举动。后者并不一定是最新加入核国家俱乐部的成员。俱乐部中的老会员，同时也是安理会的成员，美国、俄罗斯、英国、法国、中国，都曾在过去显示出它们在此问题上的无意识：无论是在古巴安置过火箭的苏联人，还是在欧洲部署"潘兴"导弹的美国人，抑或是为打赢奠边府战役而希望获得美国核武器援助的法国人。

一些政治决策者在半个世纪的时间内给人类配备了自行毁灭的技术手段，当我们试图了解这些决策者的思维逻辑时，便会发现"威慑"这一概念的核心角色。那些所谓的大规模毁灭性武器并不是为了摧毁对手设计和制造的，而只是为增强后者害怕被摧毁的恐惧感。一切都建立在"导戏者"令对方相信"自己（将）有能力做出反应，哪怕以自身的灭亡为代价也在所不惜"的本领上。

对于法国来说，这种诱发恐惧的能力被前总统瓦勒里·季斯卡·德斯坦（Valéry Giscard d'Estaing）退休以后发表的言论给打破了。在其回忆录的第二卷里，德斯坦讲述了自己为何一定会拒绝引发"绝对的互相摧毁"。在透露这种个人态度的同时，我认为，他展示出了自己的智慧，但与此同时，他也将我们国家建立起的整个大规模杀伤性武器库从威慑力中剔除了出去。

德斯坦描述了这样一种模拟情形：作为总统的他所面临的问题需要立即得到一个"是"或"否"的答案。这一操作的假设是在柏林墙倒塌之前，苏联军队在一个早晨进入西德，打乱了同盟国的军力。美国总统没有下令使用战术核武器。在苏联的新一次猛烈进攻到来之前，法国军队的指挥官请求获得批准，在其认为必要的情况下使用近程核导弹。法国总统会批准这一请求吗？他这样描述自己的反应："我想象得出事件的进展情况：法国军队朝着位于西德领土上的苏联军队发射出短程核导弹，德国最后的军力会放弃斗争。第二天，苏联的核导弹发射将摧毁我们所有的陆军师，以及我们位于阿尔萨斯和东德的空军基地。如果再有新的核导弹发射，苏联指挥部会以严重的报复行为相威胁。在这种敌军入侵我国领土之前就几近毁灭我军军力的情形下，进行战略性发射、引发'绝对互相摧毁'的决定仿佛就是不负责任者的最后一举。"[1] 因此，他的决定是拒绝批准核导弹的发射。

这节叙述的结尾有一段附带的话："不管发生什么，我都不会主动发起一个会把法国引向毁灭的举动。"这句"不管发生什么"非常可怕，但却是必要的。我经常在关于战争与和平的讨论中遇到这样的论据："如果一个新的希特勒出现在我们这个具备了核武器的地球上，您是否准备听之任之，而不是发动一场有可能毁灭人类的战争呢？"我对我的答案并不感到自豪（同时恳请读者不要过快地谴责我），但我的确会回答"是"，因为最重要的是确保人类历程的继续。虽然一个新的纳粹主义可能会对人心产生极大的影响，但它依然有个尽头：总有一天，人道主义可以被人类重建，只要自由的微弱火苗能够维持不熄。

---

[1] 瓦勒里·季斯卡·德斯坦（Valéry Giscard d'Estaing）:《德斯坦回忆录——政权与人生》(*Le Pouvoir et la vie*) 第二卷，法国图书俱乐部出版社（Librairie générale française），1992年。

是的，一切专制独裁都有一个尽头，但死亡却是不可逆转的。与前者妥协只会卷入历史中的一个片段，但是，选择后者则是彻底放弃人类自身的创造。

首要法则就是不拿死亡当儿戏，即便是在我们很想利用它来为自己报仇的时候。德斯坦在拒绝运用核武器的思考后面，加上了一段很可能削弱其力度的话："如果对手开始启动对法国的毁灭，那么我会立即做出必要的决定，为法国报仇。"[1] 我们可以理解这种复仇的反应，但如果类似的事件真的发生，这种复仇便只是令人类群体蒙受伤害的另一道伤口。

事实上，绝大多数法国人都不会惊讶于这个结论，因为它所描述的是唯一可以令人接受的态度。但是，如果我们国家的潜在敌人也了解了这种态度，那么核武器被赋予的威慑作用就彻底失去了意义。也许更明智的做法是从中总结出结论，以便为未来做好准备。既然"不管发生什么"，法国的核武器都不会被使用，那么就没有必要赋予其重要性了。特别是，为何不毁掉核武器呢？

德斯坦固然已经无法再做出一个如此重大的决定，

---

[1] 瓦勒里·季斯卡·德斯坦：《德斯坦回忆录——政权与人生》第二卷，法国图书俱乐部出版社，1992年。

但他把其接班之人中可能被世界末日所诱惑的人形容为"不负责任者",那么,我们的人民怎么会不首先把这个问题提给任何一位总统候选人:"您是否放弃核武器?"

一项新战略的宣告也许会对法国在国际舞台上的位置产生很大影响。法国也许会因此失去其威慑力,但话说回来,自从一位前总统"泄露内幕"以来,这种威慑力就已经无人恐惧了。我们的国家将无法再让别人害怕,但它却能重拾令人尊敬和聆听的资格,就像孟德斯鸠当年筹划未来的选择时所说的那样:"如果我知道有一件事情,对我有益,但是对我的家庭有害,我连想都不想。如果我知道有一件事,对我的家庭有益,但对我的国家有害,我会设法忘掉它。如果我知道一件事,对我的国家有益,但对欧洲有害,又或者对欧洲有利,但对全人类有害,我将把它视为一种罪行。"①

就如西奥多·莫诺(Théodore Monod)喜欢重申的那样,"准备一项罪行时,就已经是犯下罪行"。因此,拥有核武器的国家的领导人,在孟德斯鸠看来,就是犯罪之人。

---

① 孟德斯鸠(Montesquieu):《随想录》(*Mes pensées*),伽利玛出版社(Éditions Gallimard),2014年。

对于大多数"对法国怀有希望"的法国人来说，在我们和很多其他人一样被引入的这条歧途中，唯一合理而又值得尊敬的出路，就是销毁整个核武器库，向所有国家宣告和平，并向联合国建议将核武器非法化。到那时，法国才能凭借其以身作则的榜样力量，毫不虚伪地称自己为"和平的缔造者"。

第 4 章
人口的边界

人口数量过剩的担忧。马尔萨斯。法国的案例。人类的全体。人口炸弹的恐惧。第三世界。新马尔萨斯主义。边界的未来。

思索人类这一物种的未来，就不可避免地要从最令人担忧的危险开始，这同时也是最需要做出紧急决定的方面：科学和技术的进步使得人类的集体性自杀变为可能。这就好比一个绝望之人用自己最后剩下的钱买来一剂砒霜，并等待着最适宜的时刻来完成最后这个果断之举：人类把最杰出的科学家们的知识和最卓越的工匠们的技艺，用来制造有能力在整个地球上播种死亡的机器。

奇怪的是，对这种突发性的毁灭的威胁，媒体的关注非常有限。相较于人口数量过剩可能引发的各类问题，媒体似乎并不经常提及这种威胁。因此，这里讨论的不再是人类的突然灭绝，而是人类在其自身数目的压迫下逐渐走向窒息的困境。

的确，在20世纪的最后三十几年中，全球人口数量以一种前所未有的速度增长，年增长率超过2%，相当于用35年的时间就翻了一番，在一个世纪的时间里猛增了七八倍。如此的节奏显然不符合地球的条件限制，人口统计学者们已经发出警报，甚至将这种增长比作一颗"人口炸弹"（The Population Bomb）。这一比喻在公众舆论中留下深刻印象，于是，大众表现出的对于人口数量过剩的恐惧，似乎比对人类灭绝的恐惧还要大。因此，在描述了这种可能出现的灭绝后，就颇有必要对另一个问题给出明确答复：人类的数目是否（将变得）过于庞大，以至于成为自身繁殖力的受害者？

大自然似乎给每种生物都注入了这样一种先天的反应，令其不仅力图维护自己的生命，还要努力参与维系它所属的群体的持续生存，这个群体可能是家庭、部落或物种。动物的举动经常会显示出被我们人类称为"无私"的一面，也就是一种让集体利益超越自身利益的倾向。比如，父母在满足自己的需求之前会先满足幼崽的需求；

"放哨站岗"的动物会吸引捕食者扑向自己，以便为族群留出足够的时间逃跑。如果我们要在描述动物的这种行为时阐释其中的目的性，那么这个目的只能是：在代际传承的过程中维护集体遗传信息的永存。

遗传信息是一种真正的生物宝藏，每一个生物群体都保管着这一宝藏。我们之前已经提到过，在有性生殖的生物中，繁殖的机制会让很多全新的个体出现，而这恰恰得益于基因的随机组合；但不论代际如何更迭，基因依然是一样的（除非基因突变），即使其排列组合能够产生无限的多样性。

对于人类来说，这种集体目标、共同计划的存在并非一种推测，而是一个事实。这种将未来纳入考量的能力，甚至被看作我们人类的特性之一。在很多领域中，我们都要根据明天的意图来做出今日的决定。当然，最终是否能达到目标还要取决于我们的意愿。在过去，人们似乎还不太关注组成人类大家庭的个体数量，然而这一点如今却至关重要。

人口数量的变化取决于两类事件的合力，一个有关于繁殖力，另一个则关系到死亡率。然而，一个孩子的出生曾在很长时间内是个谜团，与性行为的关系十分模糊；至于死亡，在低龄儿童中间曾经如此常见，当时也是一种让人不得不屈从的宿命。因此，管理人口数量便成为一个几乎不怎么令我们的祖先关心的问题。时光流转，大自然似乎就这样勉强维持着人口进进出出的平衡。大自然做得相当好，因为人类的数量在将近十五个世纪中都停留在3亿左右，从公元元年一直到文艺复兴。

当人们开始弄清楚导致生与死的大部分原理之后，一切都变了。从此，生与死一样，都只是普通的事件，其不同的阶段都有可能出现人类有意识的介入。当关于生与死的各种谜团几近消失，参与者的责任开始变得十分重大，不论是在这些事件本身发生的时候，还是在其所导致的遥远后果中。我们越来越清楚应该如何行动，但却在需要制定集体目标时感到无能为力。是试图增加，还是减少人口数量呢？是应当考虑族群、国家、欧洲大陆的局部最佳状态？还是应当就整个地球进行思考？每一个群体都根据其所认为的符合自身利益的情况做出回答。只是在最近，这种思考才触及人类整体。

1798年，在英国国教牧师托马斯·罗伯特·马尔萨斯（Thomas Robert Malthus）出版的《人口学原理》（*An Essay on the Principle of Population*）一书中，人口数量变化的问题被首次全面地提出，作者最后得出的结论是一声警醒世人的呐喊。他的大部分推论建立在人口增长的速度和人类产出生活资料的速度之间的对比。他认为，人口是按照几何级数增长的，也就是说，人口的增长同前一代人的人口数成正比，从前一代到下一代，增长率这个比例系数是固定不变的；生产资料则是呈算术速率增长，也就是说，增长本身是恒定的。结果，随着一代又一代人的到来，需求一定会超过资源。于是就出现了紧张情况，平衡的建立就只能通过以贫穷、饥饿和传染病消除最弱者的方式来完成。因此，我们就只能接受最弱者的命运——他这样总结道，同时对此深感遗憾。帮助弱者只能延缓期限，同时令冲突变得更为尖锐。在人口学的现象以外，马尔萨斯尤其自称为一位伦理学家，他与法国大革命传播的社会改革思想做斗争，认为这些思想是有毒的。这样一来，他常被人提及的这套理论，是否还有价值呢？

历史目前只承认马尔萨斯关于人口数量的观点是有道理的：人口的增长速度的确快得令人担忧。在马尔萨斯的年代，人口数量略低于10亿。一个世纪之后，到了1900年，这个数字已经超过15亿。如此这般的增长竟比马尔萨斯所担心的还要快。它比几何级数增长还要可怕，增长率的比例系数本身提高了，从19世纪初到19世纪末的1.5过渡到了20世纪中叶的4。很显然，如果维持这种节奏，我们将会得出现实难以承受的预测：21世纪末将达到 240 亿人口！因此，一定要有一些决定性事件来转变这种趋势，但问题是：这些事件将是由人类引导，还是被人类忍受呢？

20 世纪中叶发生的各种事件难以让我们对此做出回答，因为人口的变化实在是混乱无序。法国的例子就显示出这种困境。第一次世界大战曾经夺走了 150 万青年男子的生命，而当时整个国家的人口也不过 4000 万。重归和平后，大量的移民（尤其来自意大利和波兰）填补了一些地区的人口短缺；相反，支持多子女家庭的政治宣传却效果甚微。在两次大战之间的时期，对"出生率下降"的恐惧曾令当局烦忧不已。

1939—1945 年的战争结束后，法国人在生育方面的习性突然发生转变。人民感觉到艰难岁月已经过去，全新的未来尚待建设，一个和平的时代是完全有可能的，于是，出现了出生率激增的情况（与此同时，的确也有全国性的家庭补助政策支持）。生育高峰的出现甚至先于经济重建的起步，而且一直持续到 20 世纪 70 年代初期。这之后是一段长时间持续的大体上十分平衡的时期，人口的生育力几乎与世代更替保持同一水平。

如何从中吸取教训，预测在 21 世纪法国将会上演的情况？特别是如何将这种预测推及整个地球呢？最为明确的教训是，人口发展的前景被很大一部分的不确定性围绕着，而这一事实已通过对地球上许多地方的个例分析被广泛证明。大多数预期都趋向于一种短期的乐观，同时对遥远的未来表示担忧。

在经历了第二次世界大战的大批死亡和毁坏之后（只有极少数国家幸免于难），大部分国家的人民都跟法国人一样，认为噩梦已经结束。一种对未来的广泛信心激励着人类前进，仿佛繁荣的局面还将持续巩固和增强。在医学进步的协助下，人口数量的增长达到了一种前所未见的速度。20世纪70年代初，全球整体的人口增长速度超过2%。于是，自然就出现了这种恐惧：人类很快就会被其生育力压得喘不过气，从长远来看，人口炸弹几乎与原子弹和氢弹同样令人担忧。

目前，好的消息是（我们希望它在未来的几年中得到进一步巩固），大趋势在21世纪初有所逆转：最显著的参数，即每个女性平均生育孩子的数量，在许多国家都有所下降，其中也包括一些提倡多生子女的国家。

面对这一集体性的危险，第一个切实采取措施的国家是中国。1949年，中国的人口数量在5亿左右；1976年中国人口接近10亿，也就是在二十七年中翻了一番。如此这般的速度显然不能持续，如果接续当时的进展，今天中国人的数量将远远超过20亿。幸好，中国政府采取了十分有效的措施，中国人口数量目前刚刚超过13亿。

正是由于这种举措，中国的案例变得众所周知。另一些实例，虽然没有如此引人注目，却也同样十分可观，比如马格里布国家生育率的飞速变化，以及人们经常因其他原因提及的国家——伊朗的人口情况。

根据一些统计数据，尤其是联合国提供的数字，伊朗在二十年前拥有540万人口，而该国的生育率（每个妇女平均生育孩子的数量）超过6，这相当于每一代的人口数量都是上一代的两倍以上。伊朗属于那种保留了旧制度的国家。但是，源于相同机构的最新数据却显示出一幅完全不同的图景。虽然伊朗的人口数量还在增长，已经达到710万，也就是比二十年前多出了三分之一，但生育率却从以前的6变为2。这最新的结果显然值得更多的关注，它反映出该国人口行为习惯的彻底转变。尤其在1970年至1980年间，伊朗政府曾经鼓励生育，并且降低了结婚年龄（女孩为9岁，男孩12岁），这就令这种转变显得更为惊人。直到1989年，才开始宣传计划生育。结果简直惊人：仅仅几年的时间，每个妇女平均生育孩子的数量就下降到了原来的三分之一。一项详细的分析显示，生育率的下降在任何年龄层都有体现。整个伊朗社会都参与到这场彻底的转变之中。因此，与我们所见的表面现象相反，这个社会已经准备好加速走进现代化了。

通过观察这些国家的案例，我们可以得出的结论是，在 21 世纪，最显著的人口变化有可能出现在任何地方，其速度甚至可能令预测专家们大吃一惊。最近的历史已经给出各种实例，自然也给我们带来经验和启示。中国的案例表明，政府所施行的规定有助于获得期待的结果。对照之下，伊朗的案例则显示，生育率的降低也可能在与政府意愿相悖的情况下获得。人们可能认为，宗教的影响十分重大，然而它却似乎在诸如意大利和西班牙这样的天主教国家中逐渐减弱；与人们一贯的印象相反的是，马格里布地区三个伊斯兰国家的生育率却迅速赶上了几个位于地中海北部的欧洲邻居。唯一合理的预测便是，21 世纪将会是一个出现大变动的时期，而这些变动并不会像马尔萨斯所预言的那样。

与马尔萨斯预测的恰恰相反，生产资料的产出一点也没有落后于人口数量的增长，虽然如我们所知，人口数量在两个世纪的时间里已经增加了 5 倍。这个明显的预测错误同时也解释了为何他的理论几乎很少被接纳，而"马尔萨斯主义的"这一形容词也变成悲观的同义词。

但是，如果我们把一个在过去尚未深入人心的限制纳入考量，马尔萨斯的理论就变得颇有现实性了，那就是地球的限度。

关于地球最多能够承受多少人口的讨论可以永无止境地进行下去。今天，60亿大关已经突破；21世纪末，地球人口可能达到80亿或90亿人口。我们似乎与那个很难确定的地球人口容量上限十分接近了。这让人不得不想到保罗·瓦勒里① 在1945年对形势做出的评定："世界完结的时代开始了。"不用试图预计何时触及这个极限，也许是在21世纪，也许是下个世纪——不管怎样，都应当从现在就开始做好准备。大自然的平衡不再能起作用，我们也不再接受通过与死亡合作来消除过剩的人类。那么，问题来了：如何面对我们的责任？尤其是如何将物理的、地理的，以及各种具体的限制，与尊重人类这一首要原则交织在一起？

马尔萨斯的论证通向的最后结论是，通过节制性欲的手段来限制生育。在他提出这一观点的一个世纪之后，如保罗·罗宾（Paul Robin）和奈丽·胡赛尔（Nelly

---

① 保罗·瓦勒里（Paul Valéry），法国作家、诗人，法兰西学术院院士。

Roussel)等前瞻者试图传播一种被称为"新马尔萨斯主义"的理论。其目的不再是限制生育,而是让女性自己来决定是否生育。他们所建立的这种人口再生同盟反对鼓励生育的政治宣传,以解放女性的名义传播各种节育的方法:女性应当从生育功能的牢笼中解脱出来。这个同盟的出现比现代理念早了一个世纪的时间,可谓是一种预兆,但随着1920年禁止宣传节制生育的法律出台,他们的活动就此中断。

这个插曲显示出同时兼顾人的权利、家庭权利,以及未来人类社会集体利益的困难。在那些20世纪末被"人口炸弹"威胁、如今又被过剩的出生率压抑到窒息的第三世界国家(东南亚、中非),节制生育的宣传是一种必要,理应得到所有国家的支持,虽然这些国家必须为此与天主教会的立场背道而驰——在大多数专家看来,教会的立场并不合理。即使若干年后一些现在已开始行动的国家的生育率必然会加速下降,随之这种潮流会扩展到整个地球,官方如今还是应当采取限制生育的态度,这并非以国家利益之名,而是以全球利益之名。没有人知道,新的世纪中,人类会不会在几十年后被人口的过快增长所威胁,抑或恰恰相反,为一种预示着消亡的人口递减而忧虑。不管是哪一种情形,都需要一种全球性的对策，不能顾虑某些集团或群体的特定利益。

不论人口数量被判定为过剩还是不足，对于边界问题都要采取一种相同的结论。不管它们所界定的是什么样的人类群体，不管其所区分的是民族、文化，还是宗族，这些边界都应当具有包容性。

这些"历史的伤疤"通常是人类疯狂的印记，他们做出那样的举动，就仿佛自己有能力理性地回答那个问题："某一片领地归谁所有？"其实，他们本应从另一个问题开始思索："地球归谁所有？"然而，这个问题却从未被提出。随着历史的前进，源于战争的偶然因素逐渐稳定下来。但是，目前的结果不符合任何一个共同的计划，它包含着许多不平衡，随时可能变成冲突。它尤其建立在这样一种错觉上：人类这个整体能根据其特性被划分成不同的小团体，被归入性质完全不同的类别。我们如今已经知道，这种区分没有任何基础。这并不仅仅是《世界人权宣言》(Universal Declaration of Human Rights)的声明，也是科学研究得出的结论：所有人都有着共同的根源。

因此，我们所有人都是地球的共同所有者，都是地球管理的共同责任人。从此，对于"把地球托付给谁？"这个问题，只有一个答案："所有人，其中也包括那些还没出生的人。"

关于难以预料的人口变化的思索能够引出这样一个结论:"任何人,在地球的任何地方,都应如在自家。"而这也就意味着人口迁移的自由。

这种观点带来的影响是如此之大,以至于使其变成一个为所有人所接受的事实可能需要几个世纪的时间。但是,我们能观察到,这种共享已经在一个领域中实现了:那就是我们所创造出的最宝贵的东西——艺术品。就艺术品来讲,朝"共享"迈进的路程已经走完大半。在法国卢浮宫或英国国家美术馆,我就如身在自家,就像任何一位来自日本或英国的参观者一样。巴黎的《蒙娜丽莎》和伦敦的罗塞塔石碑并不是法国和英国的财产,这些国家只是负责保管它们。与此同时,"据为己有"这个概念本身应当被各国和各个不同级别的群体重新审视。

最后,某个人类群体的归属是个仅仅对某些事件才有意义的概念。一张身份证有时的确非常有用,但我们可以期待,出示它的机会将会越来越少。只要我们被视作我们这个物种即人类中的一个成员,就足以说明一切。"我是一个人。"——这句话应当在整个地球上成为一句通用的开门咒。

第 5 章
弃绝伦理的科技

当效率在前，理解在后。DNA 的贡献。从物到人。宇宙的统一。达尔文和进化论。孟德尔和缺失的一环。遗传信息传递的现实。伦理的拷问。短期与长期。子宫内婴儿的变形。

一场核冲突可能引发的灾难直接源于科学上最卓越的大跃进之一：爱因斯坦于 1905 年发现物质与能量之间的关系。只消五十年的时间，他那些最初在理论物理学杂志上体现为方程式的想法，就转化成了具体的后果：最早的原子弹蘑菇云，以及广岛和长崎的废墟。

由于了解了基本粒子之间相互作用所产生的自然反应，物理学家们最终得以引导这些过程，并成为它们的主宰。

与之相似的缓慢进程也在生物学家那里体现出来，半个世纪之后，他们仿佛拾过了接力棒。1953年，沃森（Watson）和克里克（Crick）发现了DNA分子的作用，自此，人们终于能以一种统一的视角来观察所有被称为"生物"的存在。生命的概念被重新诠释，同时被重新审视的还有无生命之物与有生命之物之间的区别。这种区别不再以这些物体或生命所表现出的性能为基础，而是以它们是否具有DNA分子为标准。这就令人们得以对很多偏见加以纠正，但同时也开始对一些可能出现的行动产生怀疑：在生物学上如此，在物理学上也一样，如$E=mc^2$这般振奋人心的发现竟能导致如此恐怖的结果。

的确，DNA分子能够实现一个前所未有的创举：制造一个复制品。这种成因并不神秘，只是源于DNA两股单链缠绕的双螺旋结构。构成这些单链的原子之间相互作用，可以引发单链的分离，而后又能通过它们的补充部分重建。这种与原型一模一样的复制过程并不比很多化学反应更高深莫测——一些化学反应也让人感觉仿佛在朝着一个目标进行，也就是说，给人一种"有生命"的幻觉。

化学的创造力可以壮观无比。B-Z（Belousov-Zhabotinsky）

反应就是一个佐证:它打造出一个化学时钟,其表现形式是随着一个有规律的周期产生的颜色交替,仿佛是那些颜色定义了一种节律。这只是一些必然的化学反应,但从表面现象看却与被认为有生命的细胞的行为十分相近。于是,从无生命到有生命,一种明显的连续性就此建立。它促使我们跳出字典的恒真式命题,给生命一个更为具体的定义。根据《罗伯特法语词典》(Le Grand Robert De La Langue Française)的定义,"生命是从出生到死亡之间演变发展的、有机存在的主要特性"。这种用死亡来界定生命的方法,也显示出一个未解之难题:无生命与有生命之间的界线并不清晰明确。更好的做法是将所有运用DNA能力的化学机体看作"生命"。

当宇宙的元素序列中包含了人类时,我们便无法逃避对我们自身的定义提出质疑的困境。我们是与动物、植物或无生命的物体属于同一类别吗?当作为诗人的圣方济告诉我们,一滴水是我们的姐妹时,这个回答也许显得太过艰涩。我们寻找的是一些特征,通过这些特征可以划定一道鸿沟,把我们人类与宇宙中的其他元素区分开来。然而,这是徒劳无益的,因为宇宙创造了我们周围的一切,与创造我们时一样,也运用了同样的力量、同样的反应。我们的理智强加给我们一个整齐划一的定义,但我们却无法摆脱彻底区别于其他事物的需要。一滴水,一株兰花,是我的姐妹,但更重要的是将我与它们区分开的东西。

对这一问题的思索由于英国博物学家查尔斯·达尔文的影响而得以普及。他在一本出版于1859年的书中提供了大量论据,以支持由孟德斯鸠和布丰(Buffon)于18世纪先后提出的、由拉马克(Lamarck)普及的进化理论。其中最重要的是从显而易见的观察中引出了一个结论:不同种类的动物之间的某些器官或某些生物进程具有相似性。只需把一只狗的骨架和一只海豹的骨架肩并肩地摆在一起,就能够想象它们拥有遥远的共同起源,即便它们被划分在非常不同的动物类别中。

此后,不同的科学学科都提供了许多比较,所有证据都支持了这种推测。胚胎学揭示出鱼和哺乳动物的胚胎发育中某些阶段的相似性;生物化学显示出对于很多物种来说,诸如血红蛋白一类的物质几乎是完全相同的,而对于所有物种来说,血红蛋白都具有同样的功能;决定性的论据是由遗传学于20世纪中叶提供的——遗传学证明,掌控DNA分子和由其决定排列顺序的氨基酸之间对应关系的密码,在整个生物界中都是一样的。考虑到该密码在所有新陈代谢中所起的核心作用,我们有理由相信，它很早就已出现在生物的历史上，而且自此就再也没有改变过。

这种在所有被我们称作"生物"的物体或生命上存在的基本的统一性，与基督教和伊斯兰教文化中所描述的恰恰相反。这些文化曾经认为，不同的物种是由造物主分别创造的，它们始终与初始状态一模一样——这便是固定论的观点。这些宗教文化将这种理论建立在对《圣经》或《古兰经》某些段落的字面解释上，并激烈地反对物种进化论的观点；然而，物种进化论却严密地符合所有的观察结果。

其实，宗教文化反对进化论的主要原因与其说是由于它与经典文本相对立，不如说是由于我们人类这个物种作为整个统一体中的一部分而存在。我们难道与鲸鱼或蝴蝶一样，也属于那些陆地生物家谱的一部分吗？对于这个问题肯定的回答将引发一系列令人迷失的后果。我们可以理解现代人面对这种质疑时产生的犹豫，尤其是当达尔文的推论包含着一个明显的缺陷时。下面有必要详述一下这个问题的重要性。

一旦接受了达尔文的进化理论，认为一个物种的特性能够随着世代更迭而慢慢改变，就需要能够明确阐释参与了这一转变过程的从亲本到衍生后代之间生物遗传信息的"接力棒传递"是如何完成的。只要这一步骤没有被清晰描述,就不可能提供一种论据充分的可靠假设,以解释进化的原理。

然而,达尔文就像所有与他同时代的人一样,尚未掌握任何关于该过程之本质的信息。人们在此问题上的无知是普遍的。当一个新生命被孕育出来时,细胞中究竟秘密地发生着什么?在当时,没有人能给出一星半点的答案,以至于曾出现一段漫长的争论,将精子论者(断言未来的婴儿是在精子中预先制造的)和卵子论者(认为整个过程都是在卵子中进行的)对立起来。甚至还曾出现过一种奇怪的"嵌套"理论,猜想所有属于同一物种的过去、现在和未来的个体,都是在一个原始细胞中被同时创造出来的;在这个细胞内部,未来的后代就像俄罗斯套娃那样层层嵌套。生育归根结底是个谜团——这种感觉使得孔多塞(Condorcet)在《百科全书》(*L'Encyclopédie*)中写道,它也许永远都不会被科学揭去面纱。

达尔文对此并未表态,只是"以遗传性原则的名义"认为后代的特征与亲本的特征相似。这一假设使他得以发展出"通过自然选择完成进化"的理论。他的推理很简单:考虑到环境的状况,那些幸运地拥有有利特征的个体会产生出高于平均值的子孙数量；这些后代与它们相似，并且将这些优良特性在整个种群中扩散；于是，该种群便得以进化，并适应其所在的环境。

可惜，这种解释在其理论中插入了一个漏洞，它与半个世纪之前拉马克提出的理论一样是错误的。同样不了解遗传信息传递过程真相的拉马克曾经认为，该过程会给衍生的个体带来其亲本在整个生命过程中获得的特性。这种假设曾被严肃看待，人们甚至就此做过多项实验。比如，实验人员将许多代老鼠切断尾巴，希望产生出具备这种后天特性的后代——没有尾巴的老鼠。结果是否定的，而这在今天看来则是显而易见的事实。

这一点经常被比喻为物种序列中"缺失的环节"。一系列"固定环节"标志着进化过程中的不同阶段，这种看法本来使"进化"这一概念失去了大部分意义，但是，达尔文的推理的确在不同代际间遗传信息的传递上留下了一处空白。因此，我们提到的缺失的一环，并非是在复原后的生物系谱上，而是在逻辑推论上缺失的一环。

然而，这个被隐藏得如此完好的繁殖奥秘，仅在达尔文作品发表的六年之后，就被布尔诺修道院（捷克南部摩拉维亚地区）的一位僧侣解开了，他便是格雷戈尔·孟德尔（Gregor Mendel）。那时候，一项综合性理论的全部要素已经集结起来，已经能够通过遗传信息传递的机理来解释进化的过程。可惜的是，当时并没有人察觉到这一点，因为孟德尔的发现直到1900年都一直是保密的。

孟德尔用豌豆做实验——但他的描述适用于所有有性生殖的物种，无论是植物还是动物——彻底革新了繁殖生育的课题。他证明一个个体的各种性状并非受一套遗传信息支配，而是取决于源自两个亲本的两套遗传信息。这种双重的操控带来一种彻底焕然一新的视角，让人重新审视繁殖过程中由配子（卵子和精子）传递的信息。"它"并不是一系列的特征，比如豌豆的颜色或人的血型，而是一系列操控着这些特征的因素——我们今天称之为"基因"。

在繁殖过程中，每个亲本传递出自己的一半基因，而这些基因也是此前从它们的亲本那里收到的。这便是，我们已经讲到过的，在不到十亿年前让整个生物历史发生转向的事件：复制（一个个体分裂，产生两个一模一样的个体）被生殖（两个个体结合，产生一个必定是全新的个体）所取代。这一过程中的关键之处是两个参与者（配子）的介入，而它们的作用在很长一段时间里都不为人所知；这两个生命体在亲本和衍生个体之间引入了一个外加的步骤。

最早的观察者将这个片段限定为三方之间的赌注（父母和孩子），因此也就无法对一系列事件做出解释。事实上，他们忽视了最重要的步骤：对亲本基因中一半信息的两次"抽签"，然后再重新构成一套完整的基因。相比之下，在我们的想象中占有重要地位的"交配"环节，其实只是一个次要的技术细节。

人们最终获得的清醒认识能够带来效率的提升。比如，三十年前，在医学领域中，我们成功地战胜了天花病毒；时至今日，天花已被消灭，而这种病毒曾经每年都让几百万儿童丧命。得益于遗传学的贡献，许多新的成功也指日可待。但我们不能被热情冲昏了头脑，因为行动目标往往不那么清晰，而其中涉及的各种因素及影响又十分错综复杂。

好基因和坏基因的概念本身就时常模糊不清。镰刀型红细胞病就是一个实例，这种疾病常见于某些生活在疟疾流行地区的人口。它与S基因紧密相连，那些拥有两个S基因拷贝，也就是纯合子SS的人就是这种疾病的患者；而只拥有一个S基因，也就是杂合子SN的人，不仅没有显示出这种疾病，而且还似乎不易感染疟疾。如何来定性这个基因？它究竟是好基因，还是坏基因？

如果我们有朝一日能够将它消灭，一种死亡的诱因的确会消失，但那里的人口也会失去一种对疟疾的抵御能力。这真的是一种胜利吗？面对大多数人为介入的可能性，我们都必须承认难以在短期结果和长期影响之间做出抉择的窘境。然而，我们已经了解了从一代人到下一代人之间基因传递的不同步骤，这种认识让我们有能力介入这个过程中的每一个阶段。我们知道如何行动，但即时的目标是什么呢？更重要的是，远期的目标又是什么呢？

最为怪诞的计划就是复制一个一模一样的人，就像人们在动物身上做过尝试，有时还取得成功的案例那样。这种克隆的原理是将 A 个体产出的卵细胞的细胞核替换为另外一个 B 个体的细胞核，后者于是就会拥有一个比其更年轻的"同卵双胞胎"。通过相似的手段，一个获得了从别处而来的细胞核的细胞，其繁殖也许会在若干个步骤后被阻止，同时为我们提供一个很可能带来丰富发现的研究对象，我们也许能就此抵御一些由衰老带来的疾病。

很明显，这样的前景提出了一些超越技术范畴的问题。最终做出的决定，应当经过不同人群的探讨和审议——既要有哲学家又要有生物学家，既要有心理学家又要有普通公民。在我们的文化中，危险也许不仅仅来自金钱，更来自荣誉的诱惑。

面对伦理问题，决策者们缺乏无可辩驳的论据。比如，在明确胚胎在其不同发展阶段的地位这一问题上。配子中的每一方都具备人类遗传信息的一半，而它们却被一致地归入"物体"这一类别：它们的确是有生命的，但却不能唤起比肠道菌群无数细胞中的任何一个细胞更多的尊重；而在该进程的另一端，即将出生的婴儿显然是属于人类这一类别的。如何在不过分中断的情况下，合情合理地从受孕阶段过渡到出生阶段？

准婴儿的生物定义归根结底是从最初时刻就确定的，但各个器官的成长或不同代谢功能的投入运行则要延续到出生很久之后。

只要两个配子还没有融合，这些携带着初始信息的配子就是独立的生命体；它们绝非属于我们人类族群中的成员，我们对它们没有任何互助感情或连带责任。我们可以操纵它们，甚至毫不尊重地抛弃它们。它们就好比是银行家，每一代人都将自己的遗传财产托付给它们，而它们则负责将这些财产转交给下一代人。

刚刚被一个成年人的机体制造出来，它们就注定要快速地死亡，除了在极为稀少的情况下，它们才会与来自另一个性别的配子相遇、结合,同时自身就此不再独立存在。

这种结合一旦完成,所有相关事件就展开了一种全新的形态。细胞的繁殖被启动,由此而来的各种复制也开始分化;每个细胞都重新建立一套完整的信息;每一个特征都受制于一个父本基因和一个母本基因;一个胚胎变成胎儿,随后逐渐长大,并在某一天出生。从受孕这个启动一切的事件(几乎很少能够获得对此的记忆)到婴儿的降临这一压轴事件,其间有哪些阶段一直是个很大的谜团:这些貌不惊人的配子究竟是如何承担起如此辉煌的未来的?它们那有生之"物"的地位是如何转变为最值得尊重的人的身份的?这种尊重是否应该在遭遇大自然的失误(或者是我们所认为的失误)时阻止我们的人为介入?

科技的进步使我们发现了此前根本无人敢想的情况,胚胎发育的连续阶段被揭示出来,能够影响新陈代谢进程的方法被开发出来。但针对我们所提出的问题的答案却依然具有随机性。关键问题已经不是如何做才能获得某个结果,而是要确定这样做是否合理。清醒的认识让我们能更好地提出问题,它不会强迫我们接受答案。

这种情况尤其体现在我们对于子宫中的生命所采取

的态度上：到底是应当将其看作一个由两个物体（配子）叠加所得的物体，还是一个婴儿、一个暂时缺少某些功能的人？对于两种末端的状态，回答是明确的：配子拥有的是物体的地位，一个即将出生的婴儿则具有人的身份。但是，如何以连续的方式从一个过渡到另一个呢？

为了做出回答，我们可以参考这样一个事实：得到一个人类群体的成员所需的遗传信息，是由两个即将结合的配子带来的。但这些信息不足以造就一个具有意识的人。一个人的能力不只是存在的能力，更是清醒地意识到自己的存在的能力，而这则是由其在人类群体中的融入决定的。正是那些与其他人的相遇和接触使每个个体成为一个人。

于是，配子融合的瞬间产物不能被看作是一个人，因为它还没有参与任何一次相遇。它的变形只会出现在后面——当准妈妈感受到自己身上的这种存在，并通过这种感受实现她与孩子的第一次相遇的时候。

那么，如何做出结论？在这里重要的也许是不要过快地做出结论，同时也不要启动任何不可逆转的行为。得益于遗传学，我们刚刚使自己获得了过于强大的力量，能够根据我们的意愿来改变我们人类族群中一些成员的实际生物状态。这种现实只是我们所在的宇宙达到的众多成果中的一项，而这种成果只是局部地掌握在我们手中。我们能够重新引导进化的方向（正是这种进化使我们成为当前的样子），却不能预测这种行为将会产生的远期后果。令人担忧的是，人类在获得某些新力量时总会在行动中表现出的轻率大意。让我们在操控遗传力量的时候不要像在管理核力量时那样愚蠢。

第 6 章
经济原教旨主义

危机还是转变。难以定义的价值。限度的作用。指券[1]。增长：一种毒品。统计数字与现实。废品如何清除。我们肩负着更多。负增长的财富。

词典有时能反映出舆论观点的变化。三十多年前，在出版于 1980 年的六卷《罗伯特法语词典》(*Le Grand Robert De La Langue Française*) 中，"经济"这个词的定义占有一整页，满满两个竖列，二十三句引语。而"生态"一词则只有一行半的解释，没有例句。如果词典编纂者

---

[1] 指券，1789—1797 年流通于法国的一种以国家财产为担保的证券，后当作通货使用。

想要符合今天人们对这两个词语的使用逻辑，那么这种差别处理很可能要颠倒过来。前一个词让人联想到一些银行家的贪污行径，以及某些高级决策者在管理可用财富时所犯的大错；后一个词则描绘了一些先驱者姗姗来迟的努力——他们早就意识到那些错误令我们陷入了死胡同；曾经，他们并没有发言权，而现在他们的声音开始被听取。

2008年夏天，发达国家经济体系内核中隐藏的毁灭性机制暴露出了影响深远的危害。很多原本就足以给现代人造成很大焦虑和困扰的问题：可能出现的核毁灭、地球资源的枯竭、放射性废物的累积……依然具有威胁性；在所有的方向上，似乎都出现了阻拦人类道路的红灯。然而，在那个夏天，所有这些危险都被几个美国大银行和保险公司的灾祸遮盖住了，几百万客户在一些金融操作之后变得倾家荡产，而他们根本无法理解其中的机制。

专家们如今已经证明，这些灾祸无非是金融行为所产生的不可避免的结果；我们也不难从中吸取教训，因为一切都是人类犯下的错误，大自然没有任何责任。很多在人类历史上留下深刻印记的灾难性事件，比如泰坦尼克号沉船，都要由自然之力和人类共同承担责任。那时，我们也许还可以指责那不幸的巧合：如果相差几米，豪华客轮也许就不会撞上冰山。而这一次，在华尔街或金融城，只有人类被牵连进去。是他们，自愿地建立起这样一个系统，以为它只凭借在电脑屏幕上或纸张上交换一些签字就能创造出财富，就如同在家里兴致勃勃地玩"大富翁"一样。

仔细思考一下，他们很可能也并不真的相信这种创造财富的方式。经过那么多代人的经历，他们自然知道，要创造财富，需要想法、努力，以及工具；那些文件上的缩写签名，至多只能挪动财富，而不是创造财富。银行的客户就好比集市上的天真大众，被吹嘘叫卖的商贩所迷惑。他们把自己的财富交付给了这些金融师，而后者将金钱兑换成永远得不到偿还的贷款。这种交易本应停留在频发小事件的阶段，偶尔搅动交易市场，并让一些最为狡猾的人得以诈取同事的钱财——一些小说家就曾对此做过非常好的描写。然而这一次，影响是全球性的，因为各经济体之间的极度互相依赖，特别是错综复杂的因果关系，引发了真正的灾难。情况是如此复杂，以至于这台巨大机器的反应已经逾越了其操纵者的意愿。它显示出巨大的威力，甚至令大量人群陷入悲惨的困境，而他们正是一些人一手操作的荒谬组织关系的受害者。

这些人顿时惊愕地发现自己已被困在套索中，于是开始害怕倒计时的开始，一种新的体制也许会终结人类的历程：由于无法偿还债款，老百姓会不会在填满粮食的粮仓边饿死？会不会在空无一人的房屋外冻死？

也许没有人是故意地为这场不幸的经历制造条件，但现在，既然灾难已经发生，从中吸取教训必定会对我们有用。首先，有必要明确几个意义含糊的词语，这些词语不仅没有描述现实，反而掩盖了它。

人们常用的"危机"一词就属于这样的情况。

它通常指的是一段时间，跨度可长可短，其间发生的事情也可能变化不定，但总会有一个开端和一个结尾。面对"突然泪如雨下"（crise de larmes，法语字面直译为"眼泪危机"）或"突然发烧"（crise de fièvre，法语字面直译为"发热危机"），有时只需等待问题自己解决就够了。雨过便是天晴。运用"危机"这个词，其实表现出我们对自己参与维持的整体平衡和稳定抱有信心。而这似乎并不符合被人称作"2008年夏日经济危机"的这一事件的情形。根据业内人士的观点，该事件将使得三个实体之间的复杂关系永远无法恢复到最初的状态，这三个部分分别是：人类全体、他们已经积累的和继续增长的财富，以及令人能够交换这些财富的货币（由金融机构管理的货币）。对于这些实体相互关系的彻底改变，尤其是不可逆转的改变，就此发生。面对这类事件，生物学家们会使用"转变"这个词语。它意味着造成这个历史片段的新陈代谢过程已朝着全新的方向发展，也就是说，其历史的走向已经改道，最终造成的后果与危机产生的直接影响已经不是一回事了。

为了试图解释"2008年夏日经济危机"这个有许多因素相互作用的曲折事件，也许更容易的办法是运用一些隐喻，比如，物理学家们提出的"质量"概念。我们已经在学校里学到过，所有具有质量的物体都会通过其在周围无限空间中产生的引力场而相互作用，牛顿推导出的一个公式对此做了描述。因此，宇宙中的每个元素都根据它接收到的其他所有元素产生的全部引力而运行，无论这些元素有多么遥远。这些令宇宙成为一个具有引力的统一整体，被一种假设的基本粒子运载着——它不会被任何障碍阻拦，然而，这种粒子尚未被发现，它便是引力子。与之相似，人类整体所拥有的财富也要被分摊给被几十亿个所有者——"自然人"或"法人"。

这些财富，不论是个人的还是集体的，都能通过一种特征来进行交换。这种特征被认定是可以测量的，同时与每种物品和服务的"价值"相对应。同样，一个具备质量的元素也可以从一个物体转移到另一个物体，同时增加或减少其质量。但这种隐喻很难再进一步，因为它不能确切地描述全部现实。一个物体的质量的确可以被确定、测量或与一个标准做比较，然而这些特性对于物品的价值来说却没有意义。我们至多可以把价值与价格进行比较，前提是价格存在。但这两个概念不尽相同，按照诺贝尔经济学奖获得者莫里斯·阿莱（Maurice Allais）的说法，"价值之于价格，就像热之于温度"。他明确指出："价格并不是一个物体的固有属性，不像其重量、体积或者密度。它是一种来自外部的性质，同时取决于经济的全部心理特点和技术特点。"

在这种情况下，探讨一个物品本身的价值，不论它是有形的还是无形的，都没有意义。它的这种意义，只能被那些希望拥有它的人和那些准备将其脱手的人的态度所赋予。他们的交锋由"市场"来组织：就是在这个神奇的地方，每个人都会把拥有物品A的愉悦感受与丧失物品B的不愉快感觉相对比；这种对比的目的，就是获得最高的整体满足感。由于这些物品是混杂不一的（一桶石油和一顿米其林三星餐厅的菜肴，哪一个更好呢），比较方便的办法就是以一个唯一的物品作为参照，将这些对比进行系统的转化。

在我们的文化中，这个参照物就是形态多样的"货币"。价值，最终就是一个只以自身为度量的数字，通过货币具体地表现出来。只有银行的钞票，才是价值能够被毫不含糊地界定出来的唯一物品。其价值就等同于被印出来的钞票的数量。

在全球市场上，许许多多的交易在同时进行，每个交易的结果都影响着其他交易的展开。根据经济学家们所说的"供求法则"，由购买者所提出、被销售者所接受的价格之变化，影响着参与交换的物品的数量，直至达到一种平衡。

最初，经济学家经常认为这种平衡代表着一种整体的最佳状态。由此得出结论，最明智的态度就是让市场自行运转，而市场凭借其自身的活力，最终总会达到一个最佳的价格系统。自然总是合理的，就让它自由地表现吧；不要限制市场参与者的自由；让我们来采取一种自由开放的政策——这就是自由主义的逻辑基础。

事实上，这只是一种令人舒适的信仰，而不是一条"法则"，就如同物理学家们发现的法则一样。我们完全可以证明：为了能够定义并且达到这种所谓的最佳状态需要具备的多种条件，很少能够实现。让我们来着重强调一下其中的一个条件，它不常被人想起，但却是最具约束性的一条：要让市场起到有益的作用，就必须要接受我们所讨论的物品的数量不能是有限的，市场上参与者的数量也不能受限。

为了理解这种经济要素对接空间的无限度性假定，只需提到一个经常被称作"财富链"的游戏：一个人物 X（让我们把他指定为第 0 代人中的一个成员），寄给他的 10 位朋友（第 1 代人）一封信，要求他们每个人都重新抄写这封信 10 次，并将其发给 10 位其他的朋友（第 2 代人）；这 100 位收信人（第 2 代人）一方面被邀请继续复制这封信 10 次并寄出，另一方面要把 10 欧元寄给 X。后者可以期待收到 1000 欧元，而他直接联系过的朋友也能期待获得相同的数目。于是，只要还有朋友可以被诈取钱财（第 n 代人的每一个成员都能得到第 n+2 代人的 100 个成员给出的 10 欧元），这个游戏就可以一直延续下去。很可惜，它持续的时间并不长，因为从第十个步骤开始，要寄出的信件的数量就超出了人的数量。如果不是在一个无限的世界，那么就只有位于这个链条最开端的一些人能够依靠后面的人富起来（也是出于同样的有限度的原因，赌场永远都是获利者，因为它们会限制赌注的总额）。

作为上述情况的不同呈现形式，银行和保险公司近来的不幸遭遇也很可能与这样一个事实相关：地球直至不久前（几十年前）还能被视为是"无限"的，但突然之间，由于新的运输手段（尤其是新的通信手段）的出现，地球变得非常之小。

在对语意含糊的词汇做简短回顾的最后，还要谈到"货币"一词。货币不仅可以表现为非常多样的形式，而且其所承担的角色、执行的功能也复杂多样。在莫里斯·阿莱看来，它不仅是时间上、空间上的价值标准，也是价值储藏和交换的工具。在上演这出悲喜剧的舞台上，这个唯一的演员能乔装打扮成多种样貌，能毫无预兆地从一个角色跳转到另一个角色，而这也令它的各种表现显得令人费解。

货币的"多才多艺"也许能让我们理解最近一位国家元首在惊愕的国民面前成功变出的戏法：春天，他宣称"国库已空"；夏天，他又有了几千亿欧元来拯救银行。唯一的解释是，他所讲的并非同一种欧元：一面也许是属于"价值储藏"这个类别，另一面则是"交换工具"。于是，这的确是个魔术，就像被放在帽子里的斑鸠，再一出来就变成了兔子。尤其当大众普遍着迷于一个完全相反的概念——"增长"时，戏法就显得更加无从解释。他们还模糊地记得一个相似的情景，一个他们的祖先在两个世纪以前就已经历过的场面。

法国的国王经常需要钱。大革命前夕，有一种筹钱的方法被大臣塔列朗（Talleyrand）提议给路易十六：没收教士的财产，然后将之出售，或者用作国债的抵押。这项决议被制宪议会通过并执行。自1789年秋天开始，四亿里弗尔①的国债被发行，大约相当于所没收教会财产价值的十分之一。可见制宪议会还是颇有勇气地限制了对这种简便对策的求助。然而，需求变得越来越紧迫，从次年起，政府又先后发行了两次相同金额的国债。后来，一年接一年，节奏越来越快。在督政府②时期，债券的总额已经比抵押物的价值高出了十倍。根本没有人想要这些"指券"，即使拒绝的人会受到法定义务和各种惩罚（包括断头台）的威胁。最后，督政府不得不大动干戈地销毁这些指券，所有用于制作指券的印刷机都被送到旺多姆广场，在巴黎群众眼前被摧毁。

　　这个不光彩的结局，使所有想人为强加一种全新货币的企图都显得十分靠不住，这种反应在1918年战败后

---

　　① 里弗尔（Livre），又译作"锂""法镑"，法国的古代货币单位名称之一。

　　② 督政府是法国大革命中于1795年至1799年期间掌握法国最高政权的政府。

极度通货膨胀的德国表现得尤为强烈。这些极端的岁月固然是沉痛的,但却能够提供充分的教训,让我们在面对其他特殊时期时做出更为细致精确的判断。指券的最初想法应被重新放入其历史背景看待,当时正值"8月4日之夜"①后的爱国主义热情迸发。让三个等级——教士、贵族和第三等级——投入一个共同的行动中,将所有国民的财富放入一个集体贮钱箱中,完全符合最初的爱国热忱,至少表面看起来是这样。于是,当时搅动国家内部的意见不一的各种流派,带来一个做出不可逆转之决定的契机。指券事件只是社会转变的一个层面,这些转变为我们当时的国家制造了一个岔路口。

记住这些事件有助于分析我们正在经历的这场全球性金融闹剧。其影响已经不仅限于法国和欧洲,而是波及了全世界。它给所有人留下深刻印象的一点,就是所有经济参与者之间明显的相互依存;我们要做的则是让这种相互依存通往一种切实的连带责任,而非仅仅是良好意图层面的团结一致。

如果我们把1789年秋天与2009年冬天的事件(后

---

① 1789年8月4日,在法国会议中,部分特权等级人士宣布自愿放弃特权,史称"8月4日之夜"。

者至今给我们造成很大困扰)做个比较,就会发现一些相同点,尤其是在越来越被普遍认同的"人类共同宝藏"这一概念上。这其中的一部分是拜人类自己的聪明才干所赐,无论他们身在地球上的哪个地方;另一部分则是大自然对人类的馈赠。那么,这些财富究竟属于谁呢?

我们可以给出的答案有很多,而且已经有多种文化进行过不同层次的尝试。在人类的整个历史进程中,这些答案也在慢慢偏离最初的方向,为的是更好地反映自然条件,以及自然与我们人类的关系。事实上,这些条件刚刚被我们所掌握的观察与交流的新技术手段改变,因此,我们的行为也必须做出相应的变化。

非常复杂的"财产"概念就给出了一个很好的例子。《世界人权宣言》(*La déclaration universelle des droits de l'homme*)简明地指出"人人都有拥有财产的权利"。这个陈述反映出从一万五千年前的新石器时代起(伴随着农业和畜牧业的发展)就一直被普遍承认的情况;直到两个世纪之前,这种情况都依然如此。翻耕、播种、收割过一片土地的人就有权拥有这片土地上的粮食收成,收成就是其财产。

但是,这种情况如今已被改变。粮食收成是许多间接贡献的结果,其中包括拖拉机的制造和柴油的生产。因此，粮食收成的所有者必定多种多样，以至于无法被明确指出。这一显而易见的事实已经体现在艺术作品，以及被联合国教科文组织列为人类共同遗产的所有成果上。

如果我们像1793年法国国民公会颁布的共和历那样给日历上的不同时期起个新的名字，那么冬天的月份就不会因参照了雪或暴风雨的缘故而被叫作"雪月"和"风月"，而是会被称作"浪费月"和"过食月"，因为我们的社会总在年底的节庆期间被消费和浪费的狂热症自动附体。

各种形态的广告纷至沓来，它们要让每一个人相信，自己作为公民的义务就是参与到这场集体的疯狂中来，并且我们的幸福也正依赖于此。节日告终，我们疲惫不堪，但令人感到满足的是，我们为这场拜神的祭礼做出了贡献，而这至高无上的神就是"消费"。道路清洁工们运到焚烧厂的数千吨商品包装，就是一种骗人的表象，具体反映了"成功"的壮观图景。经济学家和政客们深信，个中荣耀也波及他们身上，于是唱起他们习惯性的赞歌，以庆祝终于重新恢复的经济增长。

但是，这只是一种达到极致的集体无动于衷。

"增长"这个词语本身就显示出一种实打实的欺骗，过去的教育曾经提醒那些准备初中毕业的学生们提防这个词——那个时候，结业证书就代表着青春期的结束。当时的学校课程中还曾介绍过"复利"的概念，那个时候，用更有学究气的方式来说，就是"指数增长"。学生们明白，查理曼大帝时期以每年3%的利息存放的1法郎，在12个世纪之后将是一笔极为庞大的财富，会比所有已故或活着的人的全部财产总数还要多。学生们因而明白这不会是一个能够持续下来的过程。

  这种指数增长的概念，也就是，与已经达到的水平成正比的增长，似乎并没有被法国国家行政学院（ENA）[①]的学生们很好地吸收。一旦开始了他们所谓的"职业生涯"，也就是投身到政治行动或各类公司的管理中，他们就开始围绕着"增长"的概念构建关乎我们社会前景的所有方面。面对今天的各种难题，他们提出的解决办法总是习惯性地诉诸经济增长，然而却不考虑这种前景是否与大自然提出的限制兼容。他们的方案通常会被欣然采纳，因为这些方法会在短时间内带来改善，就如同对一种新型麻醉剂的

[①] 法国国家行政学院是法国一所著名的大学校，以选拔和培养法国及国际高官为任务，校友多有从政之辈或在国家公职部门中担任要职。在法兰西第五共和国的历史上，曾经有三位总统、七位总理以及众多部长毕业于此学校。

使用一样。

麻烦的是，解药比疾病本身还要可怕，因为它只会让人必须不断地摄入更大的剂量。今天的增长意味着明日更大的增长；就像赌场中的赌徒在每次赌输后下双倍的赌注。如果我们拥有一个可以无限使用的世界，一切就都没有问题。然而，我们已经知道，宇宙中可供人类支配和使用的部分极为有限。那些在基本需求已经远远满足的国家中鼓吹消费增长的人，与传播毒品的毒品贩子一样有害。

很显然，我们的地球本身存在的限度，要求我们必须建立一个可持续的架构，使得人与其周边的有形世界保持长久稳定的关系。与《罗伯特法语词典》里暗示的相反，经济应当让位给生态环境。

这种稳定并不意味着经济会停滞。多种经济活动的发展是完全可能的，但前提条件是不与自然条件的限制相抵触。因此，我们有必要从确定增长的目标开始，然后明确增长的尺度，清点各种限制，最终设想出可以在某些没有这些限制的领域中推广的行为方式。

那么，究竟是什么在"增长"？我们又如何测量这种增长呢？为了回答这个问题，计量经济学逐渐发展起来。

统计调查机构的任务便是提供一切有助于做出必要测算的数据。

我们努力描述的事实具有许多个侧面，许多专家团队对此进行专业性的研究。但普通大众无法考虑到诠释这些数据所需的全部精密参数。他们需要的是综合性的指标。于是，我们就碰到了一个无解的问题：如何用为数不多的参数来描述一个多维度的现实？

这个答案一定与智力测试的发明者比奈（Binet）在回答"智力是什么？"这个问题时给出的答复相似。据说，他的回答是："智力，就是我的测试能测出的东西。"同理，经济学家在被问到其统计数字的意义时，也可以回答："增长，就是这些指数测算出的东西。"换句话说，正在增长的"那个东西"并没有明确的定义。

要试图理解究竟是什么样的现实对应着增长的统计数字，我们有必要研究一些可能会得出悖论的个例。所有的论调都隐蔽地承认，增长是好兆头，缩减或停滞是不好的兆头。真的如此肯定吗？

想象一下，如果发生童话故事中那样的情景，得益于教育系统的高效，我们国家的犯罪率很快就急速下降。

青少年在郊区的贫民住宅中幸福地生活,而法语"Cité"[①]一词也重拾最初的含义,意味着市民相遇的场所。暴力再也没有机会显现。在这个既带有乌托邦色彩又可以实现的世界中,为抑制犯罪行为而施行的大部分手段都失去了目标:许多警察、监狱的看守、专门的感化教育工作者,都没有了工作;失业人数扩大,增长指标纷纷变红。这时,政府难道应该鼓励犯罪,以期待改善这些指标吗?

与之相反,义务性质活动的发展则在经济学家研究的领域之外,体现出公民之间相互关系的重要层面。统计学家们不会考量慷慨的结果和良好的意图。对于他们来说,义务工作恰恰是增长的敌人。

经济学家们往往忽视地球的限度,而他们的这种做法也说明了人类对地球的行为态度。我们如此毫无顾忌地行动,仿佛地球是取之不尽、用之不竭,是永远为我们服务的。然而在很多领域,警戒标尺已经超过,尤其是在地球不可再生资源的使用方面,比如天然气、煤炭和石油等能源。因此,我们必须尽快停止正在上演的破

[①] Cité,法国市郊贫民住宅区的俗称,其中大多是大楼型国民住宅,居民多半是收入不多的法国人或非洲移民。

坏行动,以推迟乃至避免这些资源的枯竭为目标。为了满足能源上的需求,合理的做法应当是仅满足于使用人类视野所及的唯一一种取之不尽的资源——太阳能。这个不可思议的"核电站"的寿命要以数十亿年来计算。我们应当重新审视的是对地球所能提供的所有不可再生财富的管理。因为目前的这种管理对于随季节所得的收获而言是合理的,但对于那些不可再生的资源或再生速度过于缓慢的能源(比如石油)来说,就不再合理了。这些只能获得一次的礼物,究竟属于谁呢?显然,明智而谨慎的回答是:"所有人。"这个"所有"代表的既是我们当代之人,也是未来将要出生的人。若不如此,我们将如何论证一个与此不同的其他答复?

这个忽视地球限度的事实显而易见地会带来恶劣的后果。地球的财富属于我们的子孙后代。因此,我们应当停止毁坏这些财富,否则就是犯下盗窃的罪行。最近的观察显示,我们人类的领地是极为狭小的,这足以颠覆我们审视自身命运的视角。而我们的行为又令这种冲击变得更加猛烈,因为这些行为恰好建立在对自然限制的忽略上。

同样的清算报告还凸显出对人类活动所产生的废品进行限制的必要性。我们被软禁在这颗小星球上,因此,我们除了大气层和地下层以外就没有别的垃圾场。然而我们发现，前者十分脆弱，而后者会引发多种问题。

就大气层而言，幸好关于气候变化的问题被反复地提出，然而回答却依然很模糊。我们究竟是面对着一场由人类活动引发的意外变化？还是一个冰期与暖期交替过程中的非常漫长却无关紧要的历史片段？没有人能够回答。

更令人担忧的是长寿命放射性废料的囤积。我们将这个"有毒的礼物"送给我们的后代，而他们将在未来的几个世纪中为这些分泌出致命毒液的源头忧虑。在3000年（十个世纪很快就会过去）将有多少死亡是由钚元素诱发的（今天我们的发电厂正在生成高度放射性的钚，以整夜整夜地照亮高速公路和没有人看的广告）？我们与公证员所描述的"一家之主"的理性态度[①]相去甚远：今天的人类浪费着几千瓦的电来加热，而我们的曾孙辈将被致命的伽马射线杀害！

钚的案例很能说明问题。它也许在40亿年前地球形成的时候就已经生成了，而后曾彻底消失，因为其半衰

---

① 法国公证员被认为是公正、公允的象征，因此公证员口中的"一家之主"是相当理性的。

期（其失去一半放射性所需的时间）"只有"25000年。1941年，它又在促成原子弹制造的实验中重新出现。今天，如何摆脱它呢？人类必须要等上几个阶段，而每一阶段都长达25000年，也就是说，对地球来说十分短暂，但对人类来说却漫长得可怕的时间。

这也许有些出人意料，但废料的问题就清楚地摆在我们面前。不论是碳氢化合物燃烧后的残渣，还是核电站排出的废料，其危害的尖锐程度不亚于资源问题。因此，我们应当趋向于采用封闭循环的工序，而这就令一段时间的经济缩减成为必需。

接下来，我们要做的是发展所有不破坏地球的产业。幸运的是，那些最能给我们带来满足感的活动——科研、美的创造、教育、与疾病做斗争，都属于这一类别。在这些领域中，我们能无限地要求人类社会做出更多努力。我们可以想象，这个需要我们共同建设的人类社会，既能意识到大自然为其所设的限制，又有能力彰显出欢乐的活力。为什么不呢？这只取决于人类自己。

那些像我在这里所做的那样，敢于抨击在我们的社会中根深蒂固的、一味重视增长的意识形态的人，也许会面对被指摘为"忧伤之灵"的风险，并且被形容为"反对进步，一心想要回到过去的美好时光"。但事实上，他们的目标正是推动一种活力、一种进化，这种进化会把地球所能提供给我们的以及它所能吸收的纳入考量。这并非一种意识形态的立场，而是一种贴近现实的态度。同时，它并不会阻止我们做梦，去想象出一个对每一个人来说都更美好的境遇。

地球，我们应当接受它本来的样子，它会赠予我们绝妙的礼物，也能让我们承受它愤怒时的可怕后果。落日让我们赞叹，海啸令我们惊恐，春日花朵的绽开预示着新生，而毁灭性的地震只是在地球内部或表面存在的一些隐秘机制的表象。我们既不需要在它满足我们的需要时感谢它，也不应在它给我们造成伤害时指责它。我们周边的世界对我们一无所知。我们的角色是去破译正在活动着的各种力量，并且在我们力所能及的范围内，以对我们有利的方式运用它们。

与此同时，人类在其同类之间的关系上所做的决定只取决于人类自己：当人类发动一场残酷的战争，当人类施行一次种族灭绝，当人类满足于建立在浪费基础上的社会时，大自然与之无关。

把大自然说成是会把我们引向犯罪的存心作恶的神灵，是个幼稚的托词。大自然会给我们所必需的信息，以让我们维系自身的生命，并不是它指使着我们的行为。

我们必须承认，我们是唯一对这些行为负责的人，是唯一能决定将人类群体的活动引向对他人的支配还是与他人的合作的人。

不管人类做出怎样可怕的行径，我们永远都无权声称"不是我的责任，与我无关"。如今，容纳了所有人的信息及其斥责或鼓舞之声的网状组织已足够紧密，以至于在任何情况下，责任都已逐渐成为共同承担的担子。在对抗某种局部的不公平时，比如一些受害者被扣作人质或在没有公平诉讼的情况下被判死刑，这种责任的分担是显而易见的。同样，这种分担也应体现在寻找一种有利的社会结构上，这种社会结构能够激发人类的活力，能够推动人类蓬勃发展，能够从社会自身发掘潜力，而非仅仅在大自然中寻找不可或缺的资源。

我们正面对着一种不可理解的局面，其始作俑者正是不言自明的、只注重生产或交换有价值之物的经济，但它自身却又无法定义这种价值。

我们必须注意到，这种想要影响事物的进程、给自己确定目标的意图，是我们人类所特有的。其他物种似乎仅仅满足于抵抗时间的破坏力。它们唯一的目标就是生存下去，要么是通过维持各种作为生命迹象的新陈代谢而个别地存活，要么是通过生育并保护下一代而集体地存活。然而,我们人类,是在我们所知的范围内唯一有能力设想出一种未来并令事件的自然进程产生变化的生物。

在得到自己想要的东西后,我们的快乐通常是短暂的。我们总是欲求"更多"。请不要认为这是一个弱点、一种缺陷,相反,这种持久的欲望是一个发动机,让我们人类成为社会真正的创导者。人类是被自然创造出来的,但它却变成了我们使它成为的样子,而且未来还将更明显地取决于人本身的自我塑造。

这种永远想要"更多"的需要确实会引发挫败感,但它也能催生出我们所有的创造。若要减小这种欲望,很可能会令人类变得容易满足且沾沾自喜。他们固然能免受失败的苦痛,却也无法体会到艰难胜利的愉悦。我们必须要保持苛刻的需求。真正的问题并不是限制欲望,而是要将其引向不会走入死胡同的目标,要合理地确定应当发展壮大的领域。

在所有人们显露出来的需求中,消费的增长是目前获得最多赞同的一条。不幸的是,也正是这一需求,在发达国家中,让我们无可避免地触礁,原因正是地球的有限性。因此,推崇消费增长,只会带来危害。但我们不能就此放弃其他需求:在那些地球的脆弱性并不构成障碍的领域里，我们完全可以发展这些需要。尤其不能放弃那些满足感仅源自人类自身的活动。

这样，对于"增长"和"发展"这两个在各类演讲中出现得如此频繁的词语，我们才能试图解释二者语义上的冲突。前者关系到那些拥有商业价值的物品，它们被个体生产、消费、交换，以便建设并维持自身机体；后者所涉及的财产，一提到其价值就总被曲解，这种财产能让人通过与他者的相遇和接触而成为自己。

从现在开始，我们应当改变视角，这就需要我们拒绝物质财产增长的诱惑。而这种改变只有通过我们身后几代人的努力和坚守才能获得。

众多信号都显示，面对被我们的社会展示为成功的案例，青少年们表现出反感。这些成功的宣传在新来者们看来都仿佛是强行拉拢，是一种被他们拒绝的规范化设置。

是时候了，让青少年们在教育系统中度过的岁月不再是为屈从和归顺做准备，而是成为他们一个全新的开始，让每个人就此开始建设他选择成为的自己。

正是这种屈从代表着经济原教旨主义的最大危险：人只能被动地接受无法操纵的程序所产生的后果，而这些后果又被不符合实际的语汇所夸大。"2008 年夏日经济危机"

仿佛使这场通往经济灾难的倒计时加快了几步。幸运的是，人类的危机意识也因此取得了进步。它能帮助我们避免最糟糕的情况。在蒙昧无知和理智清醒之间的这场竞赛，结果必将取决于教育系统。

第 7 章
永久性的教育

人的特殊性。"将孩子放在系统中心"。分数。基础知识。此地、此刻和快乐。一所学校的案例，巴黎综合理工学院（École Polytechnique）。描述的局限性。

在试图明确我们这个物种的关键特性时，我们观察到人类社会的一种矛盾：它由我们所有的人类同胞构成，同时也参与每一个人的自我实现。大自然在数十亿年的摸索之后，创造出生物家谱中的一个分支，并赋予其一套极为发达的中枢神经系统，一种无与伦比的脑力活动工具。智人（Homo sapiens）的这种能力尤其令他们得以建立起一个效率超凡的沟通网络。这个物种中的成员们不仅能彼此传递信息，还能分享情感，团结起来提出问题，并且互相帮助得出答案。

正是得益于这个网络，每个人才能取得在独自一人的情况下无法企及的成就。这些逐渐臻于成熟的互动活动甚至改变了人类本身的定义。人类不再只是通过进化过程而累加的一系列个体，它已成为一个容纳了超过六十亿个元素的无比庞大的机器，并且得益于其自身的复杂性，已拥有了一定的自主性。这使其能够介入每一个人的自我实现，同时承担起皮格马利翁和伽拉忒亚的角色。

相传，皮格马利翁刚雕刻出的塑像是如此美丽动人，以至于神明被他打动，赋予这尊名为伽拉忒亚的雕塑生命。这尊大理石像于是变成了一个人。同理，打造出人类的人类，亦成为人类本身的雕塑师。

讲述一段生命，就是描述令一个人越来越像自己、越来越人性的片段。伦勃朗曾用几乎贯穿他一生的自画像来阐释这种缓慢的双重演变。他向我们展示了我们同胞中的一员变成自己的过程。在我们的眼前，一个充满激情的年轻学徒逐渐变成一位被自己的成功和失败所铸就的垂垂老者。

成为自己，需要一段途经他人的绕行，因为我们必须潜心沉浸到由我们的先辈带来的全部财富中。这段迂回的绕行也许是危险的、痛苦的，但跳过这一过程则是有意走向了贫瘠。促进这种探索，引起大众对这种探索的愿望，这便是"学校"这一词语所涵盖的所有活动之目标。

若要明确指出那些严重威胁人类生存的新危险，就要将我们的关注点集中到教育系统上。该领域能比其他任何领域都更有效地能让我们抓住机会，重拾对未来的信心。那么，如何才能抓住这个机会？

第一步就是明确目标：它究竟关系到个体还是集体？想得到答案一点也不容易。所有关于学校的言论都强调"将孩子放在教育系统中心"的必要性，但大多数旨在提高学校效率的措施，都是在将社会架构视作一种恒定数据的基础上决定的，而学校必须服从于整体社会架构。在当前教育系统的中心，我们看到的不是学生，最常见的反倒是经济学家，有时还会是金融家。

的确，这种集体构架一直到前不久都进化得很缓慢。女孩子们曾经主要依据母亲的角色被培养，而男孩子们则要学习有助他们在社会中立足的行为举止。从一个世纪到另一个世纪，必须习得的能力几乎没有什么改变。学校也帮助维系这种平衡，它给学生们提供被认为不可或缺的知识，尤其是今天被人夸张地介绍为"基础知识"

的项目：读、写、算数。懂得倾听、表达、提问，仿佛不具备同样的基础性，而恰好是这些技能可以被总结为一个词：交流。

第二个步骤是明确能让我们靠近这一目标的教学方法。在所有方法的核心，分数仿佛成为一个必要的工具。它无处不在的特点也要求我们对其角色进行分析。

一个分数，不论是打给学生的一份考卷还是一门口试，都是一个数字。因此，打分的含义，就是将阅卷者所认同的全部观点翻译成一种数字语言：这种语言有自己的文字，也就是数字；有自己的词汇，也就是数目；有自己的语法，也就是算数法则限定的运算。阅卷者必须做出的翻译必然是具有任意性的，因为它会用一个简单的数字来取代一套往往十分丰富的观点。在查阅《科学词典》[1]中的"数字"和"量度"这两个词条时，我了解到，那些曾经让尼布甲尼撒[2]如此烦恼的词语："弥

---

[1] 《科学词典》(*Dictionnaire des sciences*)，弗拉马利翁出版社（Flammarion），1997年。

[2] 尼布甲尼撒，古巴比伦的国王。

尼""提客勒""法珥新"①，可以分别被翻译为"被称重""被计算""被测量"。这说明，为了描述一个现实中的元素，我们需要度量单位。这些度量单位包含两个信息：适用于被测量特性的度量单位的定义，以及被测量物体所含的度量单位的数量。屠户布置他的肉案子时，会写清每块肉的重量和每公斤价格。他所卖的东西经过了测量。但当一位法语老师给一份考卷打出40分的成绩时，这又是依据何种测量单位？

分数的主要意义是能由此推算出一个排行榜，因为数字本身的特点就是因等级排列而不平等。事实上，阅卷者往往一开始就在内心深处确定了等级，然后再用分数去体现这个等级，以便做出合理解释。因此，这只是一种虚伪。然而，这种等级真的有意义吗？我们社会当前的形态使得教育系统的视野被局限于排名，但真正的目标应当是不断进步，不断地超越自己，而非强于别人。我们应当重新审视学校的整套哲学：学习与他人接触，由此来建设自己，而不是与他人争斗，以便占据优势。

要让每个人都适应明日的社会，第二种态度也许更

---

① "弥尼"（mene）、"提客勒"（tekel）、"法珥新"（pharsin）是三个古亚兰文字，被视为三个被动语态的动词。

为有效。但我们可以预见的是，教育系统正有意为创建一个与第一种态度相符的社会铺路。

从第一台蒸汽机到性能最强大的信息处理工具，那些能够更快、更好地完成人类工作的机器的引入，彻底改变了教育的条件，同时也迁移了教育本身的功能。不幸的是，这种迁移是为人们所被动忍受的，而它本应被良好地引导。

一个颇能说明问题的错失良机的案例发生在就业领域，那便是里昂丝绸工人的遭遇。他们本应掌握自己的命运，但却最终被剥夺了这一权利。为了生产丝织品，他们从事着这种细致、累人而又报酬很低的工作。18世纪末，一位名叫约瑟夫·玛丽·雅卡尔（Joseph Marie Jacquard）的工程师研发出一种机器，一名工人（以前则需要几个工人）用它就足以织出最复杂的图案。丝绸工人们本应合伙购买这台"雅卡尔织布机"，用更少的工作量换得同样的效果，愉快地过上不那么忍气吞声的生活。可惜的是，这种机器没有被他们买到，而是被他们的老板购得，后者因而享受到更高的生产率，并且——用现在的话说——让这些工人失了业。技术的意图本应是帮助人，但在这场事件中，却促成了对人的奴役。

同样性质的进程也在教育领域横行。各类集体的运行需要越来越丰富的技能，学习这些技能的时间也越来越长。让学校参与各类专业人员的培训，这是正常的，然而，学校并不该负责在个体所习得的技能与集体（已经显现或计划产生）的需求之间进行调节。这些需求在当前不为人熟知，在未来亦不可知。它们涉及所有产业，不仅仅是那些社会的新陈代谢所必需的活动——生产、运输、消费，还有与人类所有的需求和欲望相关的活动，其中也包括在教育过程中产生的叩问——理解、欣赏、质疑。

机器应当服务于它所帮助的那些人，而非成为机器所有者的金融家。同理，学校应服务于那些诉诸它、利用它的帮助而成为他们自己的人，而非服务于社会。学校的任务不是为社会提供不用培训即可上岗的人，它不应当考虑社会在二十年后所需要的档案与古文字学家、宇航员、园丁或钢琴师的数目。它的角色是即时为那些有志之士提供计策，让他们获得自己想要的技能。

学校的职责远非参与维系社会的平衡，它的作用是激发必要的审视和批判，同时确保我们对人类的现实抱有尊重的心态。让我们再次重申，那个被大自然创造出的小人，是一个最终会变成大人的个体。在生命的最初，他看上去只是个客体，但他注定会成为一个主体。这种演变是由其自身完成的，但别人的帮助也不可或缺。学校时期是这一历程中最为重要的阶段之一。这期间，社会将给出它所积累的宝藏中最为丰沃的部分：疑问和理解，感动和愤怒，宁静和美好。所有这些财富都会在分享中翻倍，促进碰撞与接触的丰盈。在这些奇妙的相遇中，一方身上彰显的元素同时会在另一方那里得到充分发展。

因此，学校应当被定义为这样一种地方：每个个体在其中变成一个人，同时将所有丰富了我们这个大集体的人视为伙伴。诚然，个人的知识是必需的，但教授知识的理由不应是其内容，而是它所能够让人朝"人之度规"（humanitude）迈进的步伐。在学校里，学生一开始应当追随前辈的足迹以取得进步，沿着已经描绘出的路线行走；但是，如果他的抱负仅限于此，他将很难为人类的前途做出贡献。他的抱负，以及周围其他人的抱负，其实都可以走得更远，去探索对自身来说全新的道路。如此，为学习母语、掌握语法所做的努力，正是因为阅读为我们带来面向世界的开放视野；如此，建立在由数学家们提出的抽象概念之上的推理，为我们带来建立一种宇宙模型的快乐，这种模型比我们的感官所发现的混沌无序更易于理解；如此，面对他人的情感时充斥我们内心的感动，让我们感到我们的存在超越了我们自身。

所有这些都在当下进行着，那么何不快乐地经历这一切？一些宗教常把尘世的生活视为一种前奏，仿佛是为永生所做的准备，让我们由此得以去往彼世。这种表述有可能会使我们将人世间正在具体上演的一切视为无关紧要，让我们感到对自己的经历无法掌控。使理解力前进的每一个阶段，都变成了作用仅在于筹备下一个阶段的步骤——如此这般的做法令教育系统也成为掠夺的同谋。人们的做法似乎都在表明：从幼儿园时就必须开始关心小学一年级，上五年级时就必须为初中第一年而奋斗，等等。一直到获得中学毕业文凭那天，我们才知道，这个众所周知的学历只能敲开为数不多的门。

教育系统的当前现实，与提出的计划之间的对立如此明显，以至于我们即刻的反应便是从中看到了一种乌托邦。一位法国前教育部长曾经不无现实主义地把他的部门形容为"一头猛犸象"。很明显，想要对其进行改革基本上是一种神志不清的标志。但我们在这里探讨的并非这一点。让我们暂时忘记用以喂养这头猛犸象的众多讨论：关于阅读的最佳学习方法的讨论，或关于大学自主程度的讨论。这些问题并非不重要，而是应当被纳入一种更具决定意义的决策中。这种决策关系到要求所有参与者做出的努力的终极意义——不仅是学生、教师，还有管理者和纳税人。

这便是一个政治选择，因为它已超出简单的分类，牵涉到的是每一个人的实际前途。这种前途的养料需要自然、他人和自己本身来供给。面对这一选择，立场可能是多种多样的，人们表达的观点也可能反映出旧时隐蔽的偏见，但我与众多听众群体的接触则显示出他们通常对此持有广泛的赞同，有时甚至几乎一致认同此类计划的中肯性。一些人表达出的迟疑观点针对的也并非其中肯度，而是可行性：障碍太多了，这是不可能的。

然而，没有任何一条人的法则、自然的法则与之对抗；一个共同体的运行规则，只取决于人的意志。因此，改变完全不是不可实现的。

一个真实的案例恰好能说明这种必要的"革命"：巴黎综合理工学院。所有法国人都知道它的声望。这所学校在两个世纪以前由国民公会设立，起初是一所公立院校，后来拿破仑将其变为军校，因为他需要为战争培养军官。此后，这所学校就一直保留着军校传统。巴黎综合理工学院于是成为一个雅努斯①，同时具有两副面孔：一面是准备好拔剑战斗的勇士，一面是渴望增进知识的学生。前者只剩下7月14日国庆阅兵时香榭丽舍大道上进行戏剧展示的传统，后者则运用这壮观的背景来使自己区别于"普通的"学生和研究员。事实上，实验室和阶梯教室里的普通学生和研究员们完全没有齐步走的渴望。

说是"普通"，其实巴黎综合理工学院的毕业生们坚信自己绝不普通。在年度军事演练的齐步走中，他们又必须要显示出，他们懂得怎么做。但他们又如何能不质疑这种年度演练的象征意义呢？在这个军队中，"主要的力量就是纪律"。如果这所学校的军事身份不在人的头脑中注入一种固定的社会等级观念，那么它就只是个生动的历史残留物。二十岁的时候，这些年轻人的未来就根据几门考试中的分数被引向了企业管理或科学研究、银行或信息科学。他们做出的选择更多源自职业发展的期待，而非内心感受到的热爱。这是随波逐流的征兆，而非一种神圣的使命感。

与巴黎综合理工学院不可分离的，是在敲开其大门

---

① 雅努斯（Janus），罗马神话中的门神、双面神，被描绘为具有前后两个面孔或四方四个面孔。

之前必须要上的入门课程。一考完中学毕业会考，在两到三年的时间里，考生的全部精力、所有的智力活动都必须伴随着一个唯一的念头：金榜题名。他必须像一只鼹鼠，在挖掘一条黑暗地道时那样不理睬旁人，除了他的其他对手们——后者只是作为竞争者存在，他的目标是超越他们。于是，从幼儿园就开始的这场竞赛继续进行。"再做一番最后的努力"，预备班的老师这样说。但他们错了，这还不是最后，更刻苦的努力在等待着那些进入这场战斗游戏的人。

在预备班机制这个特殊的案例中，竞争的爱好被激发出来，成为社会的驱动力。这仿佛已成为被大众接受的事实：唯一可能存在的动力，就是被人与人之间的对立所滋生的。它甚至被视为唯一符合自然法则的态度。人们不惜利用一切机会来强调这种必要性。我们已经看到，生物的进化理论已经出于同样的目的被利用了。这种视角只关心最出色者的胜利，但事实上，较量既有集体的，也有个人的；它既意味着竞争，也意味着合作。

巴黎综合理工学院的案例不仅关系到每一年的几百个男生和女生，涉及面更广、但也更能说明某种误解的，是一种混乱的窘境。它赋予学校一个使命，令其在过度有秩序和过度无秩序之间寻求一种平衡，但这种寻索从未成功，而要达到这种永不稳定的平衡，也并没有神奇的秘方。在如今这个痴迷于安全感的社会中，秩序似乎能赢得更多好感，但对此的痴迷会导致一些有时相当危险的举措，而学校也被要求为之做出贡献。几年前，一项由医学研究学院赞助的研究就属于这类情况。

这项研究的目的是，尽量早地在儿童身上发觉导致其走向犯罪之路的行为倾向。当检测在 5 岁的儿童身上进行完以后，这些危险个体——我们还不敢说"未来的罪犯"——将接受规定的医学治疗，以避免其出现越轨行为。这之后，他们还将在整个学业期间被跟踪观察。

本着同样的理念，一项于 2008 年公开的计划让警务机关能够掌握一份更新及时的文件——"艾德维格文件"（Edvige）。上面记录了所有曾与警方有过交涉的个人的信息，其中也包括 13 岁以上的未成年人。

读过阿道司·赫青黎（Aldous Huxley）所写的著名小说《美丽新世界》（*Brave New World*）的人会明白，作者在书中描绘的虚构故事很快就要被现实赶超：在这样一个社会中，每个人都被定义、分类、标准化，一个"能够行使其自由的独立之人"的概念本身都已消失殆尽。

古老的行为决定论再次出现，让人想起 20 世纪 80 年代初关于先天和后天的争论，用更为学究式的说法来讲，就是每个人生命历程的宿命论问题。"先天论"者为了赋予自己的理论一种科学性的外表，便展示出许多统计数据，证明对一个5岁儿童自身特点的了解能让我们知道他18岁时的样子。一位儿童精神病科医生从中得出结论：智商低于120的年幼学生将无法超过中学毕业会考水平。他同时建议把这些学生引向短期的专业教育，因为这样能避免他们的失败，也能给中学排除障碍。

这种推理似乎很严密，同时也似乎很有说服力，然而，它却建立在一个逻辑谬误的基础上。其谬误在于认为某一处存在着因果性，但事实是只有关联性。这种关联性一点也不能说明被研究的变量之间以某种因果关系相连接，它们只是同一个原因所产生的后果。让我们回到医学研究院的那项调研，它也许能够说明在幼儿园里不听话、很难管教、喜欢挑衅的孩子在十五年后会出现在犯罪群体中，但这完全不能表明：犯罪的原因要在他们身上寻找，犯罪是他们本性造成的后果，或者必须要把刺激性或调节性的医学治疗强加给他们。这种关联性可能源于许多原因，其中很大一部分属于他们的家庭或社会经历，与他们本身的遗传配置无关。

更糟的是，这种试图在孩子的幼年就定义其人格的做法可谓一种真正的封闭。孩子将被明确地分类，他们于是不幸地成为在幼儿园里遇到的第一位心理学家的研究对象。说到底,我们在这项研究中看到这样一种企图:它试图把每一个人都看作他在母体中被孕育时所获得的遗传信息的单纯产物。这种"基因至上"的假说恰好与遗传学家所持的观点背道而驰,后者清醒地意识到这种初始配置的贫乏性:它只含有几万个基因,然而,达到中枢神经系统所描述的信息量则需要比这多几十亿倍的基因。这些信息中的大部分都是逐渐积累起来的,这一过程从受孕开始,一直到生命的终结。

是的,我们要在整个生命历程中持续这种建设,而这只能在集体当中实现。凭借这种教育的职能,我们能够为有关经济增长的问题找到答案。如果仅涉及对自然资源的过度消费,经济增长就无法持续;但是,当经济滋养人类的活动时,它便可以无限地发展。教育系统就像公共卫生系统一样,在这一领域中,人类对其自身进行的自我建设将永远不会彻底完成。

不要忘记,每一个人都在不断变化发展;将人封锁在一个定义里,不论是在幼儿园时期还是之后的岁月,都是违背他变成自己想要成为之人的自由。

看来,在我们的社会中,唯一的动力不能仅仅被人与人之间的对立所滋生。这种视角只关心最出色者的胜利,但事实上,较量与交锋更多是集体的,而非个人的;它需要更多的合作,而非竞争。

  这种现实被一位年轻的中学生完美地总结出来,她所在的高中摒弃一切排名、光荣榜和数字化的分数。在把这所中学的活力与其他传统中学做对比时,她说道:"宁要团结的成功,也不要孤独的成就。"

绿色发展通识丛书·书目

GENERAL BOOKS OF GREEN DEVELOPMENT

01	巴黎气候大会30问
	［法］帕斯卡尔·坎芬　彼得·史泰姆／著
	王瑶琴／译

02	倒计时开始了吗
	［法］阿尔贝·雅卡尔／著
	田晶／译

03	化石文明的黄昏
	［法］热纳维埃芙·菲罗纳-克洛泽／著
	叶蔚林／译

04	环境教育实用指南
	［法］耶维·布鲁格诺／编
	周晨欣／译

05	节制带来幸福
	［法］皮埃尔·拉比／著
	唐蜜／译

06	看不见的绿色革命
	［法］弗洛朗·奥加尼厄　多米尼克·鲁塞／著
	吴博／译

07 自然与城市
马赛的生态建设实践

[法]巴布蒂斯·拉纳斯佩兹 / 著
[法]若弗鲁瓦·马蒂厄 / 摄　刘姮序 / 译

08 明天气候 15 问

[法]让·茹泽尔　奥利维尔·努瓦亚 / 著
沈玉龙 / 译

09 内分泌干扰素
看不见的生命威胁

[法]玛丽恩·约伯特　弗朗索瓦·维耶莱特 / 著
李圣云 / 译

10 能源大战

[法]让·玛丽·舍瓦利耶 / 著
杨挺 / 译

11 气候变化
我与女儿的对话

[法]让-马克·冉科维奇 / 著
郑园园 / 译

12 气候在变化，那么社会呢

[法]弗洛伦斯·鲁道夫 / 著
顾元芬 / 译

13 让沙漠溢出水的人
寻找深层水源

[法]阿兰·加歇 / 著
宋新宇 / 译

14 认识能源

[法]卡特琳娜·让戴尔　雷米·莫斯利 / 著
雷晨宇 / 译

15 如果鲸鱼之歌成为绝唱

[法]让-皮埃尔·西尔维斯特 / 著
盛霜 / 译

16	如何解决能源过渡的金融难题

[法]阿兰·格兰德让 米黑耶·马提尼／著
叶蔚林／译

17	生物多样性的一次次危机

生物危机的五大历史历程

[法]帕特里克·德·维沃／著
吴博／译

18	实用生态学（第七版）

[法]弗朗索瓦·拉玛德／著
蔡婷玉／译

19	食物绝境

[法]尼古拉·于洛　法国生态监督委员会　卡丽娜·卢·马蒂尼翁／著
赵飒／译

20	食物主权与生态女性主义

范达娜·席娃访谈录

[法]李欧内·阿斯特鲁克／著
王存苗／译

21	世界有意义吗

[法]让-马利·贝尔特　皮埃尔·哈比／著
薛静密／译

22	世界在我们手中

各国可持续发展状况环球之旅

[法]马克·吉罗　西尔万·德拉韦尔涅／著
刘雯雯／译

23	泰坦尼克号症候群

[法]尼古拉·于洛／著
吴博／译

24	温室效应与气候变化

[法]爱德华·巴德　杰罗姆·夏贝拉／主编
张铱／译

25　　　　　　　　　　　向人类讲解经济
　　　　　　　　　　　　　　一只昆虫的视角
　　　　　　　　　　　　　［法］艾曼纽·德拉诺瓦／著
　　　　　　　　　　　　　　　　　　　王旻／译

26　　　　　　　　　　　应该害怕纳米吗

　　　　　　　　　　　［法］弗朗斯琳娜·玛拉诺／著
　　　　　　　　　　　　　　　　　　　吴博／译

27　　　　　　　　　　　　　永续经济
　　　　　　　　　　　　走出新经济革命的迷失
　　　　　　　　　　　　　［法］艾曼纽·德拉诺瓦／著
　　　　　　　　　　　　　　　　　　　胡瑜／译

28　　　　　　　　　　　　　勇敢行动
　　　　　　　　　　　　全球气候治理的行动方案
　　　　　　　　　　　　　　［法］尼古拉·于洛／著
　　　　　　　　　　　　　　　　　　　田晶／译

29　　　　　　　　　　　　　与狼共栖
　　　　　　　　　　　　　人与动物的外交模式
　　　　　　　　　　　　［法］巴蒂斯特·莫里佐／著
　　　　　　　　　　　　　　　　　　　赵冉／译

30　　　　　　　　　　　　正视生态伦理
　　　　　　　　　　　　改变我们现有的生活模式
　　　　　　　　　　　　　［法］科琳娜·佩吕雄／著
　　　　　　　　　　　　　　　　　　　刘卉／译

31　　　　　　　　　　　　重返生态农业

　　　　　　　　　　　　　　［法］皮埃尔·哈比／著
　　　　　　　　　　　　　　　　　　　忻应嗣／译

32　　　　　　　　　　　棕榈油的谎言与真相

　　　　　　　　　　　［法］艾玛纽埃尔·格伦德曼／著
　　　　　　　　　　　　　　　　　　　张黎／译

33　　　　　　　　　　　　走出化石时代
　　　　　　　　　　　　　低碳变革就在眼前
　　　　　　　　　　　　［法］马克西姆·孔布／著
　　　　　　　　　　　　　　　　　　　韩珠萍／译